土木高考
一本通

黃偉恩（Wayne Huang） 著

五南圖書出版公司 印行

序言

　　這本《土木高考一本通》，是《土木普考一本通》的後續之作，然而對於高考來說，僅能說是開了一個頭。誠如諸位所知，高考的內容不論深度或廣度，折合念書時間大約是普考的三到四倍，當然不可能一本就能全部通透。因篇幅有限，這本書主要是補足材料力學、結構學、測量學和鋼筋混凝土學至高考範圍，尚缺少「營建管理」及「大地工程學」的內容。

　　這兩本姊妹作的正確使用方式並不是直接去念，而是先掃描 QR Code，看完影片以後用一張白紙自行寫出影片內容，然後再細讀此書文字輔助思考和回想。讀完此書後，各位將有一定的能力解考古題，得以進入一邊寫題一邊學新範圍的方式，取得好奇心與成就感的平衡，這樣的備考心態才是合理正向的。

　　祝早日上榜

目錄

第三章 ｜ 結構學   *57*

第1章
工程力學

1-1 能量、力量與位移的關係

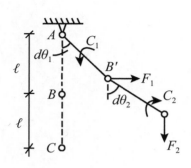

左圖結構系統係由 2 根可忽略自重、長度為 ℓ 之細長桿以鉸接連成，且受外加負載 C_1、C_2、F_1 及 F_2 作用，現想像時間凍結，系統姿態由 ABC 小位移至 $AB'C'$，求外加負載所作之總微量功 dW。

1. 當力量與位移同向時作正功，能量增加，反之則減少。由「力量 × 微量直線位移 = 微量功」及「力偶矩 × 微量角位移 = 微量功」兩式可知功及能之單位有 N·m，稱作焦耳，亦可寫成 J。

2. 本題角位移有 $d\theta_1$、$d\theta_2$、直線位移 $\vec{r}_{BB'} = \ell \cdot \sin d\theta_1$、$\vec{r}_{CC'} = 2\ell - \ell\cos d\theta_1 - \ell\cos d\theta_2$，故微量功 $dW = F_1 \cdot (\ell \cdot \sin d\theta_1) - F_2 \cdot (2\ell - \ell\cos d\theta_1 - \ell\cos d\theta_2) + C_1 d\theta_1 - C_2 d\theta_2$，而 θ 極小時，$\sin\theta \approx \theta$，故上式又可寫為 $dW = F_1(\ell d\theta_1) - F_2(2\ell - \ell\cos d\theta_1 - \ell\cos d\theta_2) + C_1 d\theta_1 - C_2 d\theta_2$

1-2 虛功方程式的使用

例說

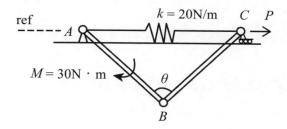

左圖結構系統，桿長 ℓ = 2m，質量爲 10 kg，若 $\theta = 30°$ 時彈簧未變形，求 $\theta = 60°$ 時可維持靜平衡之 P 力。

1. 利用本題說明虛功方程式的使用，至於原理不予贅述。

2. 首先，繪整體自由體圖並設定廣義坐標 ϕ 如圖一所示，可觀察到當 ϕ 值確定，系統姿態亦告確定。

3. 我們考慮彈簧未變形的姿態爲原姿態，想像時間凍結，θ 由 30° 漸增爲 60°，而此過程有外加負

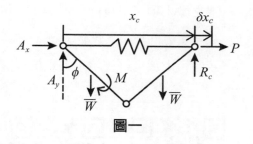

圖一

載 P 及 M 作功，而作的功應「存入」彈簧的應變能和桿件的重力位能。然而，虛功原理並不處理如此「巨觀」的過程，我們只須探討微量的功能轉換即可。

4. 先考慮微量功 dW，想像 ϕ 值微增時，P 力作用點發生向右之位移，可先令 $x_c = 2\ell\sin\phi$，再以微分取得虛位移 $\delta x_c = 2\ell\cos\phi\,\delta\phi$，至於 M 作用之桿件，其微量之角位移 $d\phi$ 與 M 之方向相反，故應作負功。綜上，$dW = P\delta x_c - M\delta\phi = P(2\ell\cos\phi\,\delta\phi) - M\delta\phi$，此系統的支承反力 A_x, A_y 及 R_c 因在各自作用力方向上均無位移，故作功爲零。

5. 彈簧應變能與桿件重力位能的微量變化 dU 則宜以 $U(\phi)$ 式微分

獲得。由彈簧的應變能公式爲 $\frac{1}{2}k(\Delta x)^2$，故任意姿態之應變能爲 $\frac{k}{2}[(2\ell\sin\phi - 2\ell\sin\phi_0)]^2$，其中 $\phi_0 = 15°$ 可由彈簧未變形時的姿態推得。

其次處理桿件重力位能，我們將零位面設定於 $\overleftrightarrow{AC}$，故重力作用位置在零位面下方，重力位能應取負值，其值爲 $-\overline{w}g\frac{\ell}{2}\cos\phi$，因桿件數爲 2，故加總爲 $-\overline{w}g\ell\cos\phi$。

6. 如此將上開兩項加總，即總應變能函式 $U(\phi)$，然後對其全微分有

$$dU = \ell\overline{w}g\,(\sin\phi\delta\phi) + 2k\ell^2(2)\,(\sin\phi - \sin\phi_0)(\cos\phi\delta\phi)，其中 \phi_0 = 15°。$$

7. 最後，建立虛功方程式 $dW = dU$ 此等式成立之條件爲系統姿態爲靜平衡，故依題意爲 $\theta = 60°$ 即 $\phi = 30°$，此式中的各項均有 $\delta\phi$，因 $\delta\phi$ 爲非零之微小項可逕行同除消彌，故可解得 $P = 56.27\text{N}$，其正值表示與 δx_c 之增量方向一致，即向右。

8. 若題目尙須求解支承反力，則以靜平衡方程式解之即可。

1-3　虛功原理例說之一

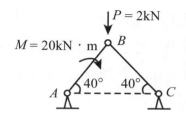

左圖為一靜平衡系統，桿件長度為 ℓ，不計自重，求 C 點水平支承反力（限以虛功原理求解）。

1. 本題自 B 點處拆開即為靜平衡方程式題目，但要求以虛功原理求解又如何呢？我們可以將 C 點改為滾支承並加上一水平力 C_x 如圖一所示，如此系統在 C 點便能自由左右移動。

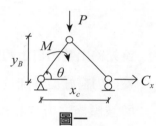

圖一

2. 為要描述系統姿態可設定廣義坐標 θ，是以，自「不動點」A 點發出之位置向量 $x_c = 2\ell \cdot \cos\theta$、$y_b = \ell \cdot \sin\theta$，將之微分有 $\delta x_c = -2\ell\sin\theta\delta\theta$、$\delta y_b = \ell \cdot \cos\theta \cdot \delta\theta$ 即分別為 C_x 與 P 之虛位移。注意各虛位移之正負號意義，δx_c 為負值表示當 $\delta\theta$ 增加時 C 點向左移動。

3. 綜上，δW 有 M、P 及 C_x 之貢獻，可寫為 $(-M\delta\theta)+(-P\delta y_b)+(C_x\delta X_c)$ 整理得 $[-M - P\ell\cos\theta - 2C_x\ell\sin\theta]\delta\theta$，注意 θ 微量增加時，B 點向上，C 點向左，外力與位移方向相同時作正功，反之作負功。

4. 接著討論能量函數，本題不計桿件自重，故位能變化為零，又無彈簧故應變能變化亦為零，故 $U = 0$ 且 $\delta U = 0$。

5. 最後建立虛功方程式 $\delta W = \delta U = 0$ 可解得

$$C_x = \frac{-M - P\ell\cos\theta}{2\ell\sin\theta} = -8.97\text{kN} \ (\leftarrow) \ 即為所求。$$

1-4 虛功原理例說之二

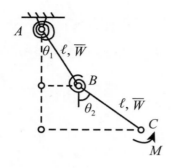

如圖示靜平衡系統，$\ell = 1\text{m}$，$\overline{W} = 100\text{N}$，已知 $\theta_1 = \theta_2 = 0$ 時彈簧未變形，且靜平衡時 $\theta_1 = 0.015\text{rad}$、$\theta_2 = 0.05\text{rad}$，求彈簧勁度 k 及外加力偶矩 M。

1. 首先繪出整體自由體圖如圖一所示，注意彈簧內力需好似外加負載般地作用其上，方向與被壓縮之方向相反。爲描述此系統的姿態，可令 θ_1 及 θ_2 兩個廣義坐標，因 θ_1 及 θ_2 不論何值 A 均爲不動點，故可知 A_x 及 A_y 均非作功力。

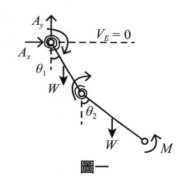

圖一

2. 首先計算 δW，外加力矩 M 只與 BC 桿之角位移有關，故 $\delta W = M \cdot \delta\theta_2$。

3. 已知旋轉彈簧若有 θ 之角位移，則儲存的應變能爲 $\frac{1}{2}k\theta^2$，此處之 θ 係與未變形時作比較。先考慮 AB 桿旋轉 θ_1，A 處彈簧之應變能爲 $\frac{1}{2}k\theta_1^2$，此時 BC 桿與 AB 桿尚連成一線，B 處彈簧尚未變形。接著 BC 桿旋轉 $\theta_1 - \theta_2$ 到達最終姿態，故 B 處彈簧應變能爲 $\frac{1}{2}k(\theta_2 - \theta_1)^2$

4. 接著是桿件的位能，可自行假設零位面如圖一位置，故 AB 桿重力位能爲 $-\overline{W} \cdot \frac{1}{2}\ell\cos\theta_1$；$BC$ 桿則爲 $-\overline{W}(\ell\cos\theta_1 + \frac{1}{2}\ell\cos\theta_2)$。

5. 綜上，將各項相加得應變能函數 $U(\theta_1, \theta_2)$，再作全微分得 $\delta U = \frac{\partial U}{\partial \theta_1}\delta\theta_1$

$+\dfrac{\partial U}{\partial \theta_2}\delta\theta_2$，建立虛功方程式有 $dW = dU$，比較 $\delta\theta_1$ 與 $\delta\theta_2$ 項係數應相同，故

$\delta\theta_1$ 項：$k\theta_1 + k(\theta_2 - \theta_1)(-1) - \overline{W}\left(\dfrac{-1}{2}\ell\sin\theta_1 - \ell\sin\theta_1\right) = 0$

$\delta\theta_2$ 項：$k(\theta_2 - \theta_1)(1) - \overline{W}\left(\dfrac{-1}{2}\ell\sin\theta_2\right) = M$

聯立解得 $k = 112.5\text{N}\cdot\text{m/rad}$，$M = 6.44\text{ N}\cdot\text{m}$ 即為所求。

Note

第2章
材料力學

2-1 合成應力例說之一

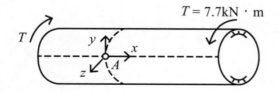

左圖為一承受扭矩 T 之圓筒型薄壁壓力容器，內外壓差 $p = 2.5\text{MPa}$、壁厚 $t = 15\text{mm}$、平均半徑 $\bar{r} = 300\text{mm}$，試依圖示 $\langle x\ y\ z \rangle$ 求外表面 A 點之 $\sigma_{\max}$ 及 $\tau_{\max}$。

1. 所謂合成應力分析是指對於由 2 個或以上的外加負載同時作用的物體，分析其中某一材料點上的應力分佈情形。例如本題的外加負載有扭矩 T 和內外壓差 ΔP 2 種，我們假定材料變形後仍保持平面，亦即虎克定律適用，如此來自不同負載所生的應力可以直接線性疊加。

2. 首先，繪出 A 點三維應力塊如圖一，其中 σ_a 和 $2\sigma_a$ 來自於 ΔP、τ_T 來自於 T，注意剪應力互等原理使 τ_T 成對出現，而 z 平面為自由面並無壓力分佈。

$$2\sigma_a = 50\text{MPa}$$
$$\sigma_a = \frac{Pr}{2t} = 25\text{MPa}$$
$$\tau_T = \frac{Tr}{J} = 14.88\text{MPa}$$

圖一

3. 接下來是三維莫耳球的應力分析，我們先寫出 $\langle x\,y \rangle$ 的應力張量有：

$$[\sigma]_A = \begin{bmatrix} 25 & -14.88 \\ -14.88 & 50 \end{bmatrix}_{\langle x\,y \rangle} \text{(Mpa)}$$

對 $[\sigma]_A{}_{\langle x\,y \rangle}$ 以「旋轉」z 軸方式找得 σ_P，此處我們使用公式法有

$$\sigma_P = \frac{25+50}{2} \pm \sqrt{\left(\frac{25-50}{2}\right)^2 + (-14.88)^2} = \begin{cases} 56.94\,(=\sigma_1) \\ 18.07\,(=\sigma_2) \end{cases} \text{(MPa)}$$

據上結果可繪圖二之實心莫爾圓，又已知 $\sigma_z = 0$，故分別旋轉 y 軸及 x 軸可繪出虛線的莫爾圓，從圖中可知 $\sigma_{max} = \sigma_1 = 56.94$(MPa)、$\tau_{max} = \dfrac{\sigma_1}{2} = 28.47$(MPa) 即為所求。

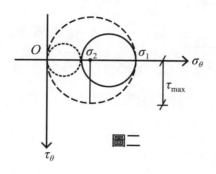

圖二

2-2　合成應力例說之二

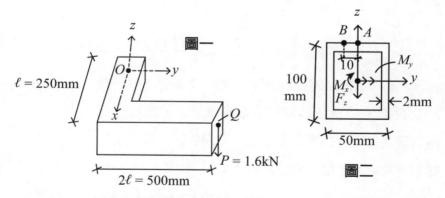

圖一

$\ell = 250$mm

$2\ell = 500$mm

$P = 1.6$kN

圖二

100 mm

50mm

2mm

M_y

M_x

F_z

10

圖一為 L 型中空矩型斷面桿件，O 點處為固定端，Q 點處為自由端且承受外力 P，O 處斷面如圖二，求 A、B 兩材料點之 σ_{max} 及 τ_{max}。

1. 本題雖看似只有一個外加負載，但因固定端 O 點處內力分析有扭矩 M_x、彎矩 M_y 和剪力 F_z，因應力分佈公式不同，故須各自分析後疊加。

2. 首先以等效力系原理將 P 力等效於 O 點處，得 $F_z = -P$、$M_x = -2P\ell$、$M_y = +P\ell$。

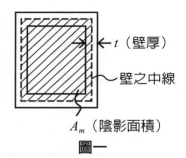

圖一

3. 接著分別對 A、B 點繪三維應力塊並進行分析，在此引入扭矩對薄壁斷面的剪應力分佈公式 $\tau = \dfrac{T}{2A_m t}$，其中 A_m 與 t 之定義如圖一所示，τ 之方向與扭矩同向，是以，

A 點應力態分析如下，原理與前頁同，至於 F_z 所生之剪應力，因 $Q = 0$ 故為零。

$$\sigma_{My} = \frac{M_y(50)}{I} = 25.8\,\text{MPa}$$

$$\tau_{Mx} = \frac{M_x}{2A_m t} = 42.5\,\text{MPa}$$

$$\text{故 } \sigma_P = \frac{\sigma_{My} + 0}{2} \pm \sqrt{\left(\frac{\sigma_{My} - 0}{2}\right)^2 + (\tau_{max})^2} = \begin{cases} 57.3\,\text{MPa} = \sigma_{max} \\ -31.5\,\text{MPa} \end{cases}$$

（考慮三維莫爾圓）$\tau_{max} = \dfrac{57.3 + 31.5}{2} = 44.4\,\text{MPa}$

4. 接著分析 B 點應力態，不同於 A 點，B 點就必須考慮 F_z 之貢獻，其 Q 值計算以陰影面積為之，並注意有兩個平面上均有剪應力之分佈，方向依剪力流的概念標示。是以 B 點應力態分析如下：

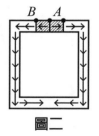

圖二

$$\tau_{Fz} = \frac{PQ}{I(2t)} = \frac{(1.6 \times 10^3)(1960 \times 10^3)}{(7.75 \times 10^5)(2 \times 20)}$$

$$= 1.01\,\text{MPa} < \tau_{Mx} = 42.5\,\text{MPa}$$

$$\tau_{xy} = 42.5 - 1.01 = 41.49\,\text{MPa}$$

$$\text{同理 } \sigma_P = \begin{cases} 56.35\,\text{MPa} \\ -30.55\,\text{MPa} \end{cases}, \quad \tau_{max} = 43.45\,\text{MPa}$$

2-3　最大正向應力及最大剪應力理論例說

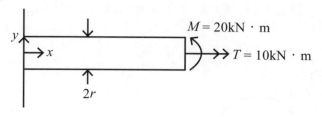

左圖為一承受 M 及 T 負載之圓柱桿件，已知材料抗壓及抗拉之降伏強度均為 $\sigma_Y = 150\text{MPa}$、F.S. = 1.5，試以下二種破壞理論，求圓形斷面之半徑長度 r 值：

(1) 最大正向應力理論
(2) 最大剪應力理論

1. 本題先當作合成應力求解，由內力分析可知任一橫斷面均如圖一，依 $\tau = \dfrac{Tr}{J}$ 知外表面有最大剪應力，再依 $\sigma = \dfrac{My}{I}$ 式可知 A 及 B 點受力最大，以下分析 A 點為「臨界破壞材料點」，亦即 A 點若不發生破壞，則全桿件應不發生破壞。

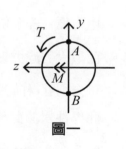

圖一

2. A 點應力態分析如下，將 M 及 T 所貢獻之應力合成應有：

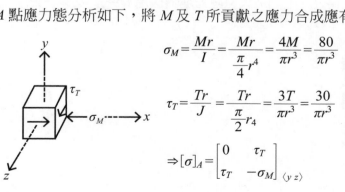

$$\sigma_M = \frac{Mr}{I} = \frac{Mr}{\frac{\pi}{4}r^4} = \frac{4M}{\pi r^3} = \frac{80}{\pi r^3}$$

$$\tau_T = \frac{Tr}{J} = \frac{Tr}{\frac{\pi}{2}r^4} = \frac{3T}{\pi r^3} = \frac{30}{\pi r^3}$$

$$\Rightarrow [\sigma]_A = \begin{bmatrix} 0 & \tau_T \\ \tau_T & -\sigma_M \end{bmatrix}_{\langle y\,z \rangle}$$

3. 接著以公式法計算 σ_P 並繪出莫耳球如圖二，本題 $\sigma_P = \dfrac{10}{\pi r^3}$ 及 $\dfrac{-90}{\pi r^3}$，因兩主應力一正一負，可知最大剪應力即此 x 平面的莫爾圓半徑 $\tau_{\max} = \dfrac{\sigma_a + |\sigma_b|}{2} = \dfrac{50}{\pi r^3}$。

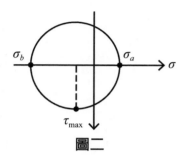

圖二

4. 到此，我們已知此桿件所受的最大正向應力為 $\dfrac{90}{\pi r^3}$（壓力）、最大剪應力為 $\dfrac{50}{\pi r^3}$，依題意最大正向應力理論 σ 之要求為 $\dfrac{90}{\pi r^3} \cdot (F.S.) \le \sigma_y$，而最大剪應力理論 τ 之要求為 $\dfrac{50}{\pi r^3} \cdot (F.S.) \le \tau_y = \dfrac{\sigma_y}{2}$，透過此二條件式可分別解得前者之 $r = 6.59 \times 10^{-2}$ (m)，後者之 $r = 6.83 \times 10^{-2}$(m)，可知此桿件對於此種外加負載作用之破壞機制為剪力破壞，r 值應設計為 6.83×10^{-2}(m) 為宜。上開最大剪應力理論假定 $\tau_y = \dfrac{\sigma_Y}{2}$ 必須一記。

2-4 軸力桿件的受力變形例說

1. 考慮有一軸力桿件受 P 力如圖一，又已知原長爲 ℓ，截面積爲 A，材料楊氏係數爲 E，試問總變形量 δ 爲何？我們從兩方面推導，其一是外力轉內力有 $P = S$，再內力轉應力有 $\sigma = \dfrac{S}{A}$；其二是由應變定義式 $\varepsilon = \dfrac{\delta}{\ell}$。接著由虎克定律 $\sigma = E\varepsilon$ 將 σ 與 ε 換掉，即推得 $\delta = \dfrac{S\ell}{AE}$，注意此式的成立條件有三：一、滿足虎克定律；二、單軸向拉、壓力作用；三、在 ℓ 的長度內，S、A、E 均爲定值，此條件在考試中若不滿足，則可寫爲 $\delta = \displaystyle\int_0^\ell \dfrac{S(x)dx}{A(x)E(x)}$。

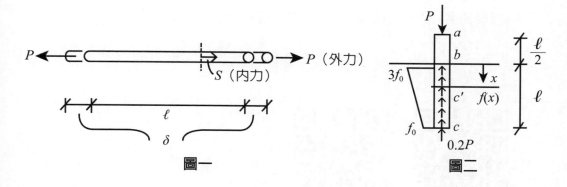

圖一　圖二

2. 現考慮有一受 P 力負載、長度 $\dfrac{3}{2}\ell$ 的單樁，AE 爲定值，露出土面的長度爲 $\dfrac{\ell}{2}$，埋在地下之長度爲 ℓ，地下之樁表面有一分佈力型式之摩擦力 $f(x)$ 如圖二所示，又樁底有來自土體承載力 $0.2P$，試求軸向變形量 δ 爲何？觀察圖可發現 ab 及 bc 兩段之內力不同，故須分開討論。

3. 先處理 ab 段，可直接代公式有 $\delta_{ab} = \dfrac{(-P)\left(\dfrac{\ell}{2}\right)}{AE} = -\dfrac{P\ell}{2AE}$，注意 P 之負號是內力符號系統表壓力，而 δ 之負號與內力相配合表示縮短。

4. 接著處理 bc 段，設廣義坐標 x 以了解各微小厚度切面之內力，但外力尚有未知數 f_0 須先解出。以切面法取 ac' 段，因軸力與摩擦力均為線性；故 $f(x) = k_1x + k_2$，代入 b 與 c 之邊界條件解出 k_1 和 k_2 有 $f(x) = \dfrac{-2f_0}{\ell}x + 3f_0$，又以 $\Sigma F = 0$ 有 $0.8P = \dfrac{(f_0 + 3f_0)(\ell)}{2}$ 解得 $f_0 = \dfrac{2P}{5\ell}$，是以 $f(x) = -\dfrac{4P}{5\ell^2}x + \dfrac{18P}{5\ell}$。

5. 分析 bc 段內力函數 $S(x)$，取自由體圖如圖三所示，$S(x)$ 可寫為 $-P + \int_0^x f(x)dx$，將 $f(x)$ 代入並積分有 $S(x) = -P + \dfrac{2P}{5\ell^2}(3\ell x - x^2)$，因 A、E 為定值，故變形量 $\delta_{bc} = \int_0^L \dfrac{S(x)dx}{AE} = -\dfrac{8P\ell}{15AE}$。

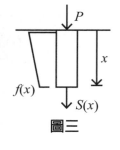

圖三

6. 最後將各段變形量加總即為所求，故有 $\delta = \delta_{ab} + \delta_{bc} = \dfrac{-31P\ell}{30AE}$。

2-5　軸力桿件的受力位移分析例說之一

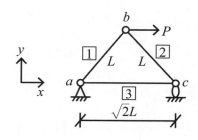

左圖桁架系統各桿之 AE 已知且均質，在 b 處有承受 P 力向右，試求

(1) 各桿內力 S_1、S_2 及 S_3

(2) b 及 c 點位移向量 $\vec{u}_b$，$\vec{u}_c$

1. 所謂位移向量，即系統上某材料點受力變形前位置點指向變形後位置點的向量，如圖所示之桁架，a 點爲鉸支承位置不受 P 力負載影響，故位移量 $\vec{u}_a = 0$，而 c 點爲滾支承，故可在水平方向發生位移，而 b 點浮在空中，在垂直及水平方向均可發生位移。位移的分析必先將結構系統各桿之內力和變形解出，然後以「維氏圖」產生相合條件，此題有 b_H、b_V 及 C_H 之小位移爲未知數，故也應有 3 張維氏圖提供限制式。

2. 本題靜不定度爲零，可解得支承力，接著以節點法解出各桿內力有 $S_{ab} = \dfrac{P}{\sqrt{2}}$、$S_{bc} = \dfrac{-P}{\sqrt{2}}$ 和 $S_{ac} = \dfrac{P}{2}$，然後代入 $\delta = \dfrac{P\ell}{AE}$ 公式得各桿變形量 $\delta_1 = \dfrac{PL}{\sqrt{2}AE}$、$\delta_2 = \dfrac{-PL}{\sqrt{2}AE}$ 及 $\delta_3 = \dfrac{PL}{\sqrt{2}AE}$。

3. 接著繪出維氏圖分別有 b_H、b_V 和 C_H 三圖如圖一所示，並討論各桿端如何「抵達」該圖之終點，例如 b_H 圖之終點即 b_H 箭頭處，⒈桿可先縮短 δ_1，再以正交方向側移抵達終點，而⒉桿可先伸長 δ_2，再側移抵達終點，注意 b_H 方向可設向左或向右，不影響答案。同理，b_V 及 C_H 之維氏圖亦可繪出。維氏圖提供的拘束條件，意指此結構系統不論如何變形和位移（合稱變位），各桿端原有的接續「狀態」不因此分離，例如本題變位後⒈和⒉桿仍爲相連，只是連結點移動而已。

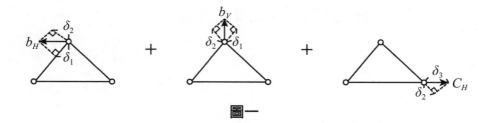

圖一

4. 維氏圖之作用在於為各桿之變形量 δ 獲得以位移為參數之方程式，觀察可列出方程式如下：

$$\delta_1 = \frac{-b_H}{\sqrt{2}} + \frac{b_V}{\sqrt{2}} + 0 = \frac{PL}{\sqrt{2}AE}$$

$$\delta_2 = \frac{b_H}{\sqrt{2}} + \frac{b_V}{\sqrt{2}} + \frac{C_H}{\sqrt{2}} = \frac{-PL}{\sqrt{2}AE}$$

$$\delta_3 = 0 + 0 + C_H = \frac{PL}{\sqrt{2}AE}$$

$$\Rightarrow b_H = -\frac{4+\sqrt{2}}{4}\left(\frac{PL}{AE}\right)(\rightarrow) \ ; \ b_V = -\frac{\sqrt{2}}{4}\left(\frac{PL}{AE}\right)(\downarrow) \ ; \ C_H = \frac{PL}{\sqrt{2}AE}(\rightarrow)$$

其中 b_H 前負號表示與最初假設向左的方向相反。

5. 因題目要求以向量式作答，故 $\vec{u_b} = \left[\frac{4+\sqrt{2}}{4}\left(\frac{PL}{AE}\right) \quad -\frac{\sqrt{2}}{4}\left(\frac{PL}{AE}\right)\right]_{\langle x\,y\rangle}$ ；

$$\vec{u_c} = \left[\frac{PL}{\sqrt{2}AE} \quad 0\right]_{\langle x\,y\rangle}$$

2-6 軸力桿件的受力位移分析例說之二

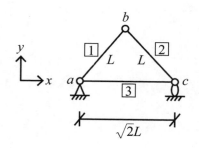

左圖桁架各桿之 α、AE 為已知，若 c 點支承下陷 $\dfrac{L}{200}$，且 ①過長 $\dfrac{L}{100\sqrt{2}}$，②溫度下降 $\dfrac{\Delta T}{\sqrt{2}}$，求節點位移量 b_H、b_V 及 C_H 為何？

1. 本題與前例結構系統相同，但其上無外加負載，此種情況下若各桿件至少有一端可發生小位移，則不論是支承下陷，桿件過長或溫度升降，各桿之內力均為零。

2. 首先依題意求各桿變形量，$\delta_1 = \dfrac{L}{100\sqrt{2}}$，$\delta_2 = L \cdot \alpha \cdot \left(\dfrac{-\Delta T}{\sqrt{2}}\right)$ 及 $\delta_3 = 0$。

3. 接著繪製維氏圖，本題除 b_H、b_V 和 C_H 外，為反映支承下陷，須引入 C_V，故共計有 4 張圖，繪圖方法同前節。

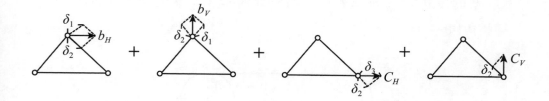

4. 利用上圖建立變形相合條件可有以下 3 條方程式，

$$\delta_1 = +\frac{b_H}{\sqrt{2}} + \frac{b_V}{\sqrt{2}} + 0 + 0 = \frac{L}{100\sqrt{2}}$$

$$\delta_2 = -\frac{b_H}{\sqrt{2}} + \frac{b_V}{\sqrt{2}} + \frac{C_H}{\sqrt{2}} - \frac{C_V}{\sqrt{2}} = -\alpha L \frac{\Delta T}{\sqrt{2}}$$

$$\delta_3 = 0 + 0 + C_H + 0 = 0$$

又因 $C_V = -\dfrac{L}{200}$，故恰可解得

$C_H = 0$；$b_H = \dfrac{3L}{400} + \dfrac{\alpha L \Delta T}{2}$ $(\rightarrow)$；$b_V = \dfrac{L}{400} - \dfrac{\alpha L \cdot \Delta T}{2}$（上下未知）。

2-7　圓柱扭轉變位理論及例說

1. 考慮有一受扭的圓柱如圖一所示，$\overline{oa}$ 線段在受扭後逆時針轉 ϕ 角至 $\overline{oa'}$ 線段，則此 ϕ 之值可以 $\dfrac{T\ell}{GJ}$ 計算，此公式與 $\delta = \dfrac{P\ell}{AE}$ 形似，推導過程不予贅述。ϕ 稱扭轉角，是一種整體變形，如依圖一計算左端之 ϕ，則 $\ell = 0$，$\phi = 0$，故右端之 ϕ 亦可看作是相對於 ℓ 起算點代表切面的相對扭轉角值。

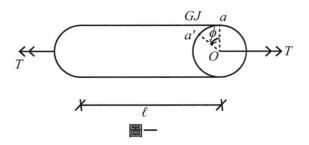

圖一

2. 考慮如圖二之圓柱，外加負載及尺寸俱已標示於圖中，若已知 $G = 77.5\text{GPa}$，試求最大剪應力及軸心上三點 A、B、C 對 O 之扭轉角 ϕ 為

何？首先，可觀察到 A 及 B 處在負載或幾何尺寸有明顯變化，是爲分段點，故須分作 OA、AB 及 BC 三段討論。

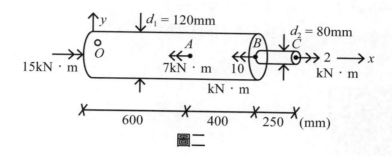

圖二

3. 分析變位前仍須先有內力分析，使用切面法求 T_{OA}、T_{AB} 和 T_{BC}，將之繪成扭矩圖，如圖三，此時的「T」已轉爲內力性質，就如軸力 P 轉爲內力 S。另外，扭矩之正負號以右手螺旋定則定義，大拇指方向爲「角位移向量」，當朝向物體內部時爲負，反之爲正。

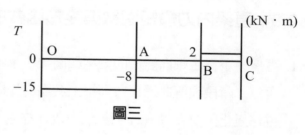

圖三

4. 透過觀察法，因 AB 段之尺寸與 OA 段相同卻承受較小扭矩，故不可能存有 τ_{max}，而 BC 段受扭雖小但尺寸亦小，仍應考慮，是以，

OA 段之 $\tau_{max} = \dfrac{Tr}{J} = \dfrac{15 \times 10^3 \left(\dfrac{0.12}{2}\right)}{\dfrac{1}{2}\pi\left(\dfrac{0.12}{2}\right)^4} = 44.2 \text{ MPa}$

BC 段之 $\tau_{max} = 19.9\text{MPa}$

可判斷整根桿件之 $\tau_{max} = 44.2\text{MPa}$

5. 最後分析扭轉角，高考通常此類題型都可直接代 $\phi = \dfrac{T\ell}{GJ}$ 公式，代入已

知數，即可解得

$$\varPhi_{OA} = -5.704 \times 10^{-3} \text{ rad } (\curvearrowleft)$$

$$\varPhi_{OB} = \varPhi_{OA} + \varPhi_{AB} = -7.732 \times 10^{-3} \text{ rad } (\curvearrowleft)$$

$$\varPhi_{OC} = \varPhi_{OB} + \varPhi_{BC} = -6.128 \times 10^{-3} \text{ rad } (\curvearrowleft)$$

2-8 直梁內力彎矩函數與變形函數的推導

1. 考慮一不發生軸向變形的直梁如圖一所示，變位後呈上彎之形，我們可以二階段理解此過程，即梁上各點均先向上平移，接著軸向發生角位移變化，前者以 $y(x)$、後者以 $y'(x)$ 描述，而考慮與前後材料點角位移之變化趨勢應有曲率 $\kappa = y''(x)$。

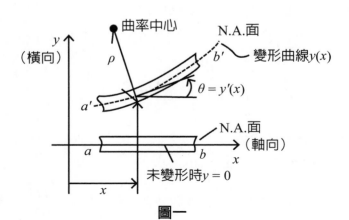

圖一

圖一採用〈x y〉爲第一象限，若採用其他象限則對直梁變形將有不同之正負號意義，整理如圖二所示。但就考試而言請仍以第一象限爲主。

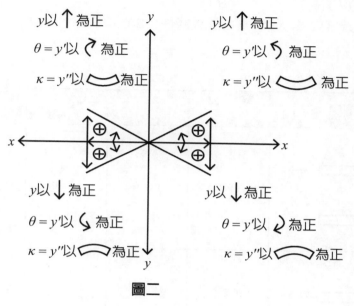

y以 ↑ 爲正

$\theta = y'$以 為正

$\kappa = y''$以 爲正

y以 ↑ 爲正

$\theta = y'$以 為正

$\kappa = y''$以 爲正

x

x

y以 ↓ 爲正

$\theta = y'$以 爲正

$\kappa = y''$以 爲正

y以 ↓ 爲正

$\theta = y'$以 爲正

$\kappa = y''$以 爲正

圖二

2. 現若已知此直梁的內力函數 $M(x)$，由 $\kappa = \pm \dfrac{M}{EI}$，我們發現將 $M(x)$ 除以 EI 即成 $y''(x)$，再積分則得旋轉角函數 $y'(x)$，再積分則得變形函數 $y(x)$，但內力函數和變形函數有符號系統不相容的問題，故又須人工校正正負號如圖三，意即若使用第四象限，κ 若要爲正，則直梁須下彎，而此時彎矩爲負，故有 $y'' = -\dfrac{M}{EI}$ 之校正。

$\kappa+$　$M(+)$

$M(+)$　$\kappa+$

$y'' = +\dfrac{M}{EI}$

$y'' = +\dfrac{M}{EI}$

x　x

$y'' = -\dfrac{M}{EI}$

$y'' = -\dfrac{M}{EI}$

$M(-)$　$\kappa+$

$\kappa+$　$M(-)$

圖三

3. 綜合以上，以數學式表示，應可寫爲 $y'' = \dfrac{M}{EI}$、

$y' = \pm \int \dfrac{M}{EI} dx + C_1$ 及 $y = \pm \iint \dfrac{M}{EI} dx + C_1 x + C_2$，

其中積分常數 C_1 及 C_2 需由邊界條件（B.C.）決定。常見之 B.C. 如下表所示。

圖例	y	$y' = 0$	$y'' = \dfrac{M}{EI}$	$y''' = \dfrac{V}{EI}$
	$y = 0$	$y' \neq 0$	$y'' = 0$	$y''' \neq 0$
	$y = 0$	$y' = 0$	$y'' \neq 0$	$y''' \neq 0$
	$y \neq 0$	$y' = 0$	$y'' \neq 0$	$y''' = 0$
	$y = \pm \dfrac{F_S}{k}$	$y' \neq 0$	$y'' = 0$	$y''' \neq 0$
	$y = 0$	$y' = \pm \dfrac{M_S}{k_T}$	$y'' \neq 0$	$y''' \neq 0$

圖例	y	$y' = 0$	$y'' = \dfrac{M}{EI}$	$y''' = \dfrac{V}{EI}$
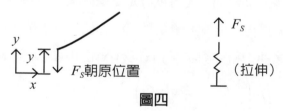	$y_1 = y_2$	$y_1' = \pm y_2'$	$y_1'' = \pm y_2''$ （EI 相同）	$y_1''' = \pm y_2''$ （EI 相同）
	$y_1 = y_2$	$y_1' \neq y_2'$	$y_1'' = y_2'' = 0$	$y_1''' = \pm y_2''$ （EI 相同）

4. 上表揭示了只要能掌握直梁的任一種型式的函數，就能推出所有其他型式的函數，最常出現的題型是自 $M(x)$ 出發解 $y(x)$。另外，彈簧提供的力是「回復力」，即「使物體往原處方向作用的力」如圖四及圖五所示。

(1) 直線彈簧：

若 $y > 0$，則 FBD 如下：

圖四

(2) 旋轉彈簧：

若 $y' > 0$，則 FBD 如下：

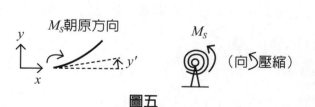

圖五

2-9 直梁內力彎矩函數與變形函數推導例說之一

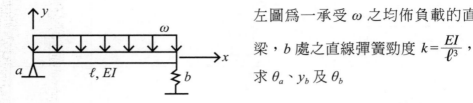

左圖為一承受 ω 之均佈負載的直梁，b 處之直線彈簧勁度 $k = \dfrac{EI}{\ell^3}$，求 θ_a、y_b 及 θ_b

1. 本題屬於支承力易求的題型，先解出 $R_a = \dfrac{\omega\ell}{2}$（↑），$R_b = \dfrac{\omega\ell}{2}$（↑），判斷無分段點，於是直接以切面法繪自由體圖如圖一並以靜平衡方程式寫出內力函數 $M(x)$。

圖一

$$M(x) = -\omega x\left(\frac{x}{2}\right) + \left(\frac{\omega\ell}{2}\right)(x) = \frac{\omega}{2}(\ell x - x^2)$$

2. 接著將 $M(x)$ 除以 EI 得 κ 即 $y''(x)$，記得依設定之象限人工校正正負號，本題採用第一象限，κ 為正時上彎，彎矩為正時亦使桿件上彎，因互相配合故取「正」。然後連續積分兩次得 $y'(x)$ 及 $y(x)$ 函數如 (a) 及 (b) 式。

$$y' = \frac{\omega}{2EI}\left(\frac{1}{2}\ell x^2 - \frac{1}{3}x^3 + C_1\right) \tag{a}$$

$$y = \frac{\omega}{2EI}\left(\frac{1}{6}\ell x^3 - \frac{1}{12}x^4 + C_1 x + C_2\right) \tag{b}$$

3. 為求解積分常數，須自支承分析邊界條件，可觀察到 a 處為鉸支承應有 $y = 0$，至於 b 處撓度亦可引用虎克定律解得有 $\dfrac{\omega\ell^4}{2EI}$，因彈簧受壓故 b 端向 $-y$ 向故需加上負號，是以，

$x = 0$，$y = 0$：$C_2 = 0$

$x = \ell$，$y = -\dfrac{\omega\ell^4}{2EI} \overset{(b)}{\Longrightarrow} -\dfrac{\omega\ell^4}{2EI} = \dfrac{\omega}{2EI}\left(\dfrac{1}{6}\ell^4 - \dfrac{1}{12}\ell^4 + C_1\ell\right) \Rightarrow C_1 = -\dfrac{13}{12}\ell^3$

4. 最後，因 $y(x)$ 及 $y'(x)$ 已建立完成，意即全梁上任一切面的撓度與撓角均可求，故依題示之位置即 $x=0$ 和 $x=\ell$ 處代入求解如下即為所求。

$$\theta_a = y'(0) = \left(-\frac{13}{12}\ell^3\right)\left(\frac{\omega}{2EI}\right) = -\frac{13\omega\ell^3}{24EI}\ (\circlearrowright)$$

$$y_b = y(\ell) = -\frac{\omega\ell^4}{2EI}\ (\downarrow)\ ;\ \theta_b = y'(\ell) = \frac{\omega}{2EI}\left(\frac{1}{2}\ell^3 - \frac{1}{3}\ell^3 - \frac{13}{12}\ell^3\right) = -\frac{11\omega\ell^3}{24EI}\ (\circlearrowright)$$

2-10　直梁內力彎矩函數與變形函數推導例說之二

1. 讓我們結合普考一本通 4-3 節內容，再統整一次變形函數、內力彎矩函數、內力剪力函數和外加負載函數的人工校正正負號與 $\langle x\ y \rangle$ 設定的關係，可有圖一之結論。

2. 考慮一承受 $\omega(x)$ 負載之直梁，設定 $\langle x\ y \rangle$ 如圖二所示，試求 $y(x)$ 為何？本題屬於支承反力不易求解的類型。首先，因 $\omega(x)$ 箭頭與 y 軸方向相反，應人工校正正負號而有 $y'''' = -\sin\left(\frac{\pi x}{2\ell}\right)\Omega$，接著使之除以 EI 連續積分四次，y'''' 至 y''' 及 y'' 至 y' 均須人工校正正負號，是以，

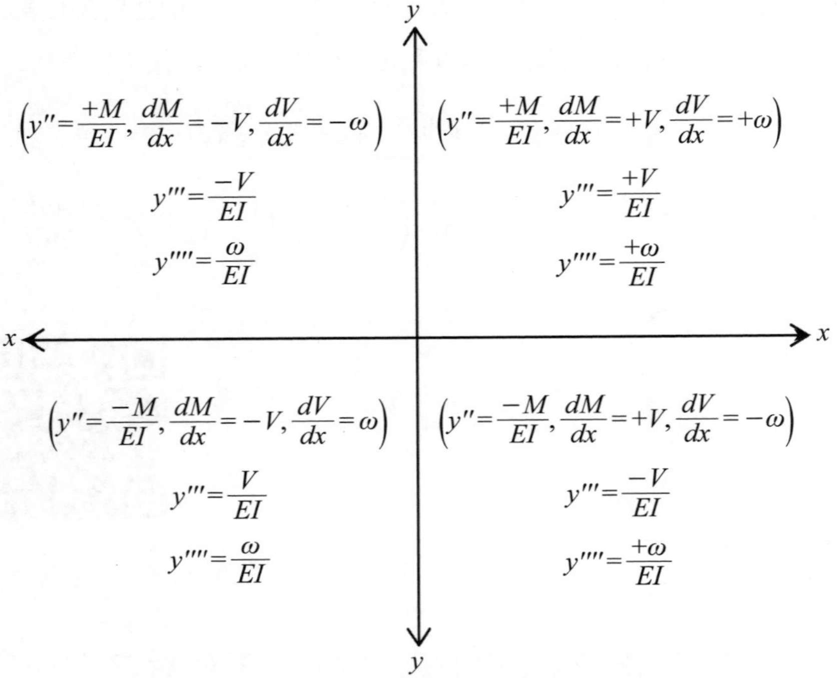
y
$\left(y''=\frac{+M}{EI},\frac{dM}{dx}=-V,\frac{dV}{dx}=-\omega\right)$
$y'''=\frac{-V}{EI}$
$y''''=\frac{\omega}{EI}$
$\left(y''=\frac{+M}{EI},\frac{dM}{dx}=+V,\frac{dV}{dx}=+\omega\right)$
$y'''=\frac{+V}{EI}$
$y''''=\frac{+\omega}{EI}$
x
x
$\left(y''=\frac{-M}{EI},\frac{dM}{dx}=-V,\frac{dV}{dx}=\omega\right)$
$y'''=\frac{V}{EI}$
$y''''=\frac{\omega}{EI}$
$\left(y''=\frac{-M}{EI},\frac{dM}{dx}=+V,\frac{dV}{dx}=-\omega\right)$
$y'''=\frac{-V}{EI}$
$y''''=\frac{+\omega}{EI}$
y

圖一

$$y'''=\frac{-\Omega(2\ell)}{EI\pi}\cos\left(\frac{\pi x}{2\ell}\right)+C_1$$

$$y''=\frac{-\Omega}{EI}\left(\frac{2\ell}{\pi}\right)^2\sin\left(\frac{\pi x}{2\ell}\right)+C_1x+C_2$$

$$y'=\frac{-\Omega}{EI}\left(\frac{2\ell}{\pi}\right)^3\cos\left(\frac{\pi x}{2\ell}\right)-\frac{C_1}{2}x-C_2x+C_3$$

$$y=\frac{-\Omega}{EI}\left(\frac{2\ell}{\pi}\right)^4\sin\left(\frac{\pi x}{2\ell}\right)-\frac{1}{6}C_1x^3-\frac{1}{2}C_2x^2$$

$$+C_3x+C_4$$

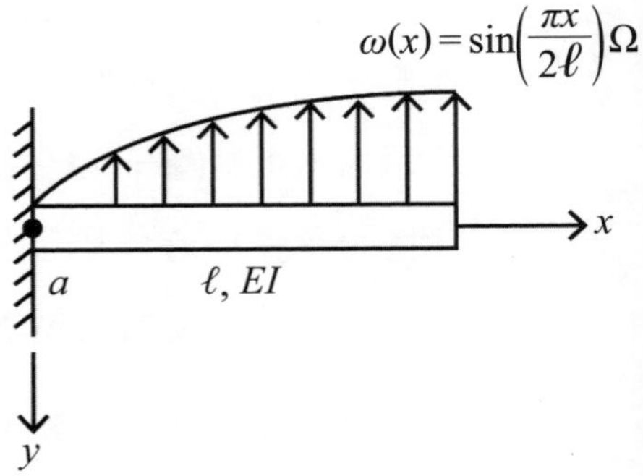
$\omega(x)=\sin\left(\frac{\pi x}{2\ell}\right)\Omega$
x
a
ℓ, EI
y

圖二

3. 接著考慮邊界條件，固定端之撓度與撓角爲零，自由端的剪力及彎矩爲零，據以解得積分常數，依題意代回得 $y(x)$ 即爲所求。

$y(0)=0$：$C_4=0$

$$y'(0) = 0 : C_3 = \frac{\Omega}{EI}\left(\frac{2\ell}{\pi}\right)^3$$

$$y''(0) = 0 : -\frac{\Omega}{EI}\left(\frac{2\ell}{\pi}\right)^2 + C_1 x + C_2 = 0 \Rightarrow C_2 = \frac{+\Omega}{EI}\left(\frac{2\ell}{\pi}\right)^2$$

$$y'''(0) = 0 : C_1 = 0$$

$$\Rightarrow y(x) = \frac{-\Omega}{EI}\left(\frac{2\ell}{\pi}\right)^4 \sin\left(\frac{\pi x}{2\ell}\right) - \frac{\Omega}{2EI}\left(\frac{2\ell}{\pi}\right)^2 x^2 + \frac{\Omega}{EI}\left(\frac{2\ell}{\pi}\right)^3 x$$

2-11　直梁的組合彎矩圖

1. 組合彎矩圖其實不是新的理論，最早出現於普考一本通中的單位力法中，但因為接下來用得非常多，故於本節再加以詳述。此法其實是切面法計算左、右兩面的內彎矩，並且將各外加負載分別考量繪圖，藉以線性疊加而已。常見之負載於選定切面所生之 M 圖如圖一所示，其中，面積與形心甚常用須一記。

圖例	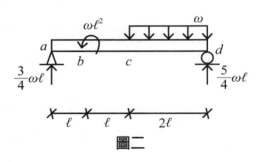			
M 圖	C ... b ... $\overline{X}$	$\overline{X}$ ... Pl ... b	$\overline{X}$ ... $\frac{1}{2}\omega l^2$ ... b	$\overline{X}$ ... $\frac{1}{6}\omega l^2$ ... b
面積	bl	$\frac{1}{2}bl$	$\frac{1}{3}bl$	$\frac{1}{4}bl$
形心 $(\overline{X})$	$\frac{1}{2}l$	$\frac{1}{3}l$	$\frac{1}{4}l$	$\frac{1}{5}l$

圖一

2. 考慮一承受負載的直梁如圖二所示，現以組合彎矩圖求 M_a 及 M_c 會如何？首先，解得支承反力繪出整體自由體圖，然後對 a 點的右邊 0^+ 之尺寸繪組合彎矩圖如圖三，為方便引用圖一之結論，ac 段可加上一段大小相同為 ω，方向相反的均佈負載，因 M_a 實屬支承反力，為外效應，故此種修整並不影響結果。是以，M_a 可由四張 M 圖在 a 點值的加總計算而得有 $\omega l^2 - 8\omega l^2 + 5\omega l^2 + 2\omega l^2 = 0$，復查 a 端為鉸支承，彎矩為零足資應證。

3. 同理，亦可對 c 點繪組合彎矩圖如圖四所示，c 點代表切面的左、右彎矩可分別計算有

$$M_c^- = \frac{3}{2}\omega l^2 - \omega l^2 = \frac{1}{2}\omega l^2 \; ;$$

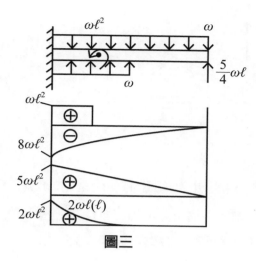

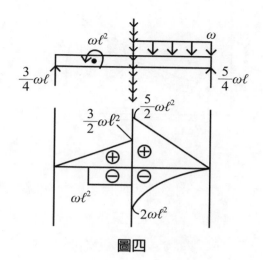

圖三　　　　　　　　　圖四

$$M_c^+ = \frac{5}{2}\omega\ell^2 - 2\omega\ell^2 = \frac{1}{2}\omega\ell^2$$

注意此處之 M 遵守內力符號統，因互爲作用力與反作用力故 $M_c^- = M_c^+$ 足資應證。

2-12　彎矩面積法求解直梁的撓角與撓度

1. 在前揭的積分法我們可以一次性地解出直梁中兩分段點間任一切面上的撓角和撓度，但有時覺得積分太過麻煩且只需要解某特定切面，於是「彎矩面積法」應運而生。

2. 考慮如圖一所示之直梁變形前後比較，左圖爲撓角，右圖爲撓度，在小位移之前提下，可有 $\theta_b = \theta_a + \theta_{b/a}$，$y_b = y_a + \ell\theta_a + t_{b/a}$ 之關係式，此二式須滾瓜爛熟，依筆者考試經驗，若題目未指定解法，則以彎矩面積法爲優先考量。另外，此式僅能用於第一象限。

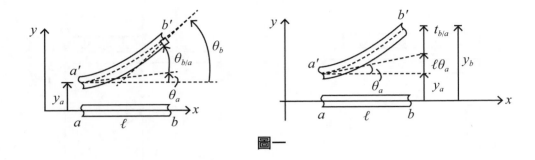

圖一

3. 舉一例題說明使用步驟，如圖二為一承受外加負載的直梁，試求 A 處撓度 y_A 及 B 處撓角 θ_B。首先，此為靜定結構可先解出支承反力。接下來判斷分段點，觀察可知梁中幾何、材料及負載俱為連續，故不須分段。

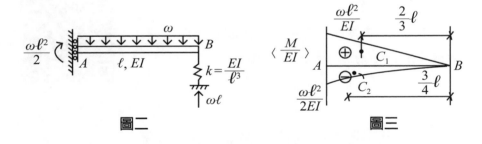

圖二　　　　　　圖三

4. 為此梁繪組合彎矩圖如圖三，但要記得除以 EI 成 κ 圖。注意組合彎矩圖採用的切面可為任一橫斷面上，但依照便利性，本題切在 a 處斷面，接著對 b 處計算「一次距」（下詳）。

5. 接著建立彎矩面積法公式，先處理 $\theta_b = \theta_a + \theta_{b/a}$，參考支承提供之邊界條件，有 $\theta_a = 0$，而 $\theta_{b/a}$ 則為組合彎矩圖上、下兩塊面積加總，注意此處面積正負有別，故公式可建立為 $\theta_b = 0 + \left(\dfrac{\omega \ell^2}{2EI} \cdot \ell + \dfrac{-1}{3} \cdot \dfrac{\omega \ell^2}{2EI} \cdot \ell \right)$ $= \dfrac{\omega \ell^3}{3EI}$（↻）；接著建立 $y_b = y_a + \ell \theta_a + t_{b/a}$，邊界條件在 b 處彈簧因受壓，

故依虎克定律有 $y_b = -\dfrac{\omega \ell^4}{EI}$，而 $t_{b/a}$ 則為上開兩塊面積各自乘上其形心對 B 處代表切面之直線距離，是以，代回原式有 $-\dfrac{\omega \ell^4}{EI} = y_a + \ell \cdot (0) +$

$\left[\dfrac{\omega \ell^3}{2EI} \cdot \dfrac{2}{3} \ell - \dfrac{\omega \ell^3}{6EI} \cdot \dfrac{3}{4} \ell \right]$ 可推得 $y_a = -\dfrac{29 \omega \ell^4}{24EI}$ （↓）即為所求，注意結果之正負號遵循卡氏坐標系的第一象限。

2-13　彎矩面積法求解直梁的轉角與撓度例說之一

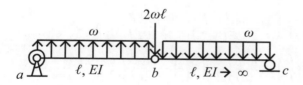

左圖 ab 段之抗撓剛度為 EI，而 bc 段為一剛性梁（$EI \to \infty$），又已知 $\theta_a = \dfrac{\omega \ell^3}{2EI}$ （⤵），c 點支承有下陷 $\dfrac{\omega \ell^4}{4EI}$，求 y_b、θ_{bL} 及 θ_{bR}。

1. 本題屬靜定梁可先求解出支承反力及節點內力如圖一，並以觀察法知須分作 ab 及 bc 二段處理。

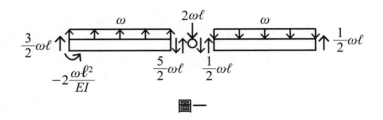

圖一

2. 繪製組合彎矩圖除以 EI
   得 κ 圖如圖二所示，此
   圖實際上是 ab 段和 bc
   段組合而成。因為 bc 段
   為剛性梁（$EI \to \infty$），
   故不論內彎矩多大，其
   曲率始終為零。

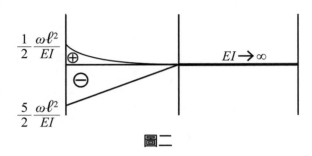

圖二

3. 接著建立彎矩面積法公式，自左推向右，先處理 ab 段，有關邊界條件
   及已知數代入等不再贅述，應有：

$$\theta_{bL} = \theta_a + \theta_{b/a} = -\frac{\omega\ell^3}{2EI} + \left[\frac{\omega\ell^2}{2EI}\left(\frac{\ell}{3}\right) - \frac{5\omega\ell^2}{2EI}\left(\frac{\ell}{2}\right)\right] = -\frac{19\omega\ell^3}{12EI} \ (\circlearrowleft)$$

$$y_b = y_a + \ell\theta_a + t_{b/a} = 0 + \ell\left(\frac{-\omega\ell^3}{2EI}\right) + \left[\frac{\omega\ell^2}{2EI}\left(\frac{\ell}{3}\right)\left(\frac{3\ell}{4}\right) - \frac{5\omega\ell^2}{2EI}\left(\frac{\ell}{2}\right)\left(\frac{2\ell}{3}\right)\right]$$

$$= \frac{-29\omega\ell^4}{24EI} \ (\downarrow)$$

4. 最後處理 bc 段，在此可發現剛桿在彎矩面積法的計算特徵為 $\theta_{b/a}$ 和
   $t_{b/a}$ 均因面積為零，其值為零，故可列式為：

$$\theta_c = \theta_{bR} + \theta_{c/b} \Rightarrow \theta_c = \theta_{bR}$$

$$y_c = y_b + \ell\theta_{bR} + t_{c/b} \Rightarrow \frac{-\omega\ell^4}{4EI} = \frac{-29\omega\ell^4}{24EI} + \ell\theta_{bR} + 0$$

$$\Rightarrow \theta_c = \theta_{bR} = \frac{23\omega\ell^3}{24EI} \ (\circlearrowleft)$$

2-14 彎矩面積法求解直梁的轉角與撓度例說之二

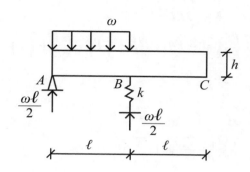

左圖為一承受負載的直梁，BC 段梁頂溫度為 T_1，底部為 T_2，（$T_1 > T_2$），$k = \dfrac{EI}{\ell^3}$，α、h、EI 均為定值，求 θ_c、y_c。

1. 觀察本題為靜定梁，可先解得支承反力，接著繪製組合彎矩圖除以 EI 得 κ 圖，再把溫差變形考慮進來，公式如圖一所示，此梁在 BC 段是上冷下熱，因下彎依 $\langle x\,y \rangle$ 第一象限為負值，故可繪出 κ 圖如圖二。

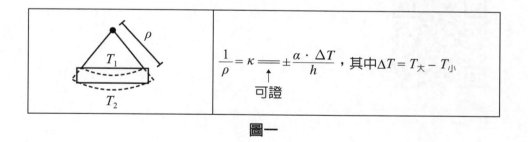

圖一

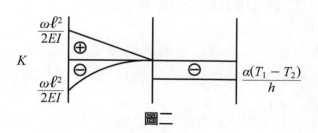

圖二

2. 由圖二建立彎矩面積法公式如下：

(1) *AB* 段

$$\begin{cases}\theta_B=\theta_A+\theta_{B/A} \Rightarrow \theta_B=\theta_A+\dfrac{\omega\ell^2}{2EI}(\ell)\cdot\dfrac{1}{2}-\dfrac{\omega\ell^2}{2EI}(\ell)\cdot\dfrac{1}{3}\\[2mm]y_B=y_A+\ell\theta_A+t_{B/A} \Rightarrow -\left(\dfrac{\omega\ell}{2}\right)\cdot\left(\dfrac{\ell^3}{EI}\right)=0+\ell\theta_A+\dfrac{\omega\ell^3}{4EI}\left(\dfrac{2}{3}\ell\right)-\dfrac{\omega\ell^3}{6EI}\left(\dfrac{3}{4}\ell\right)\end{cases}$$

$$\Rightarrow \theta_a=-\dfrac{13\omega\ell^3}{24EI}\,、\,\theta_b=-\dfrac{11\omega\ell^3}{24EI}$$

(2) *BC* 段

$$\begin{cases}\theta_C=\theta_B+\theta_{C/B} \Rightarrow \theta_C=-\dfrac{11\omega\ell^3}{24EI}+\dfrac{-\alpha(T_1-T_2)}{h}(\ell)\\[2mm]y_C=y_B+\ell\theta_B+t_{C/B} \Rightarrow y_C=\dfrac{-\omega\ell^4}{2EI}+\ell\cdot\dfrac{-11\omega\ell^3}{24EI}+\dfrac{-\alpha(T_1-T_2)\ell}{h}\cdot\left(\dfrac{\ell}{2}\right)\end{cases}$$

$$\Rightarrow \theta_C=-\dfrac{11\omega\ell^3}{24EI}-\dfrac{\alpha(T_1-T_2)}{h}\ell\,(\circlearrowright)\,、\,y_C=-\left(\dfrac{23\omega\ell^4}{24EI}+\dfrac{\alpha\cdot\Delta T\cdot\ell^2}{2h}\right)(\downarrow)$$

2-15 卡二定理求解構件變位例說之一

1. 考慮某構件受外加負載作用而發生變位如
   圖一，我們可證其變形後內部儲存的能量
   $U=\displaystyle\int\frac{S^2dx}{2AE}+\int\frac{M^2dx}{2EI}+\int\frac{T^2dx}{2GJ}+\frac{F_S^2}{2k}+\frac{M_S^2}{2k_t}$ ，此
   稱應變能公式，在此忽略了重力位能和剪力所
   生之應變能。

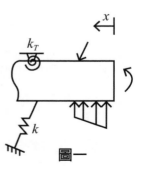

圖一

2. 當構件之應變能函數建立完成，理論上我們已經可以計算出構件因變形而儲存的能量，然而卡二定理告訴我們，將此函數對某集中負載微分即可得該構件在負載作用點處，該負載之作用方向的位移，以下舉一例題說明。

3. 圖二為一個 L 型構件，在自由端受有 P 力向下的負載，已知 EI 為定值，若應變能只計彎矩的影響，試求自由端 C 點之 $\overline{\Delta c}$ 及 θ_C 為何？首先，因 $\overline{\Delta c}$ 包含 C_H 和 C_V，而本題有 P 對應 C_V，卻無其他真實負載對應 C_H 和 θ_C，故須自行設定虛構負載 f 及 m，方向可自由假設。

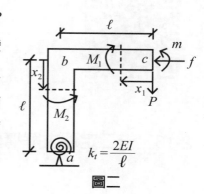

圖二

4. 接下來觀察構件受力後內力的產生與分段情形，應可有 bc 段之 M_1、ab 段之 M_2 和 a 處的旋轉彈簧 M_s，我們自行假設廣義坐標 x_1 及 x_2，為各段寫出內力函數有 $M_1 = m - Px_1$、$M_2 = P\ell - m - f\ell$、$M_s = P\ell - m - f\ell$。

5. 建立應變能函數有 $U = \int_0^\ell \dfrac{M_1^2 dx_1}{2EI} + \int_0^\ell \dfrac{M_2^2 dx_2}{2EI} + \dfrac{M_s^2}{2k_t}$，引入卡二定理將 U 對 P 偏微分得 C_V、對 f 偏微分得 C_H、對 m 偏微分得 θ_c 即為所求，故可有以下三式：

$$C_V = \frac{\partial U}{\partial P} = \frac{1}{EI}\Big[\int_0^\ell (m - Px)(-x)dx + \int_0^\ell (P\ell - fx - m)(\ell)dx \Big] +$$
$$\frac{(P\ell - m - f\ell)(\ell)}{k_t} = \frac{11P\ell^3}{6EI}\ (\downarrow)$$

$$C_H = \frac{\partial U}{\partial f} = \frac{1}{EI}\Big[\int_0^\ell (P\ell)(-x)dx \Big] + \frac{(P\ell)(-\ell)}{k_t} = -\frac{P\ell^3}{EI}(\rightarrow)$$

$$\theta_c = \frac{\partial U}{\partial m} = \frac{1}{EI}\Big[\int_0^\ell (-Px)(1)dx + \int_0^\ell (P\ell)(-1)dx \Big] + \frac{(P\ell)(-1)}{k_t} = -\frac{2P\ell^2}{EI}(\circlearrowright)$$

最終答案若爲負，代表位移方向與力量相反，例如 C_H 爲負，代表方向與 f 相反即向右。

2-16　卡二定理求解構件變位例說之二

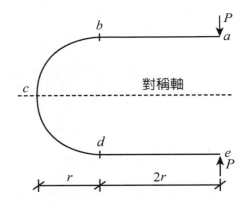

左圖爲上下形狀對稱之構架，在 a 及 e 處有一對向內的集中負載 P，又已知 EI 爲定值，若只計彎矩的影響，求 a、e 兩點之相對位移。

註：$\int \cos^2\theta d\theta = \dfrac{1}{2}(\theta + \cos\theta\sin\theta)$

$\quad\ \ \int \sin^2\theta d\theta = \dfrac{1}{2}(\theta - \cos\theta\sin\theta)$

1. 本題之構形具有上下對稱的性質，考慮對稱性分析上半部，直觀判斷應分作 ab 及 bc 二段，定廣義坐標 x 及 θ，寫出內力函數 $M_1 = -px$、$M_2 = -pr(2 + \sin\theta)$，如圖一所示，其中剪力和軸力因不計應變能故不予繪出。

2. 接著建立構件的應變能公式，注意此處的積分意指將每一小塊的應變能加總成段，故要沿著構件線形積分，例如 ab 段爲直線線形，則每一小塊之尺寸爲 dx，而 bc 段爲圓弧，每一小塊之尺寸爲弧長 $rd\theta$，是以，

我們計算上半部乘以 2 得總應變能

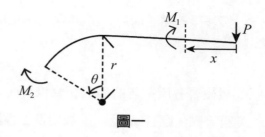

圖一

$$U = 2\left[\int_0^{2r}\frac{M_1^2 dx}{2EI} + \int_0^{\frac{\pi}{2}}\frac{M_2^2(rd\theta)}{2EI}\right]$$

3. 引入卡二定理，將 U 對 P 微分即解得 a 點在 P 方向相對 e 點的變位，正值表 a、e 兩點相互接近。

$$\Delta P = \frac{\partial U}{\partial P}$$

$$= \frac{2}{EI}\left\{\int_0^{2r}(-px)(-x)dx + \int_0^{\frac{\pi}{2}}(r)[(-pr)(2+\sin\theta)][(-r)(2+\sin\theta)]d\theta\right\}$$

$$= 27.47\frac{pr^3}{EI}$$

2-17　靜不定系統例說之一

1. 圖一桁架系統之各桿 ℓ、A、E 及 α 均同，$\angle bdc =$ 90°，在 d 點受有外力 P，另 $\boxed{1}$ 桿溫度升高 ΔT，求 d 點變位及各桿內力為何？首先，以節點法取 d 點為共點力系，應有 2 條靜平衡方程式，但未知內力有 3 根桿件無法求解，故應先令一桿內力為好似已知數般地使用靜平衡方程式，此力即稱為「贅力」，本題取 S_1 為贅力。

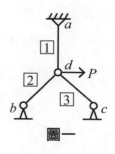

圖一

2. 接著以節點法內力分析如圖二所示，而有

$$S_2 = \frac{S_1}{\sqrt{2}} + \frac{P}{\sqrt{2}} \; ; \; S_3 = \frac{S_1}{\sqrt{2}} - \frac{P}{\sqrt{2}}$$

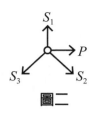

圖二

3. 然後要考慮系統的變形相合條件，本題「可動點」只有 d 點，應有 d_H 及 d_V，故要畫 2 張維氏圖如圖三，

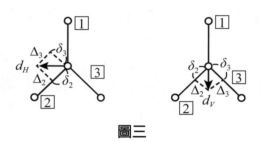

圖三

4. 接下來引用 $\delta = \dfrac{S\ell}{AE}$ 式，再將 ①桿溫差產生的變形計入可得以下 3 式，等號左半是物理因素、右半是幾何因素。

$$\alpha\ell\Delta T + \frac{S_1\ell}{AE} = \delta_1 = 0 + dV$$

$$\frac{S_2\ell}{AE} = \delta_2 = \frac{-d_H}{\sqrt{2}} + \frac{-d_V}{\sqrt{2}}$$

$$\frac{S_3\ell}{AE} = \delta_3 = \frac{d_H}{\sqrt{2}} - \frac{d_V}{\sqrt{2}}$$

6. 觀察此方程式組，未知數有 S_1、S_2、S_3、d_H 及 d_V，而方程式數量除此 3 條外，尚有 2 條靜平衡方程式，故恰可聯立解出內力與位移如下：

$$S_1 = -\frac{1}{2}\alpha AE\Delta T$$

$$S_2 = \frac{1}{\sqrt{2}}(P - \frac{\alpha AE\Delta T}{2})$$

$$S_3 = \frac{-1}{\sqrt{2}}(P + \frac{\alpha AE\Delta T}{2})$$

$$d_H = -\frac{P\ell}{AE} \; (\rightarrow)$$

$$d_V = \frac{1}{2}\alpha\ell\Delta T\,(\downarrow)$$

2-18　靜不定系統例說之二

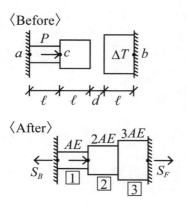

上圖為三個不同橫斷面尺寸的圓柱，其熱膨脹係數 α 及楊氏係數 E 為已知。現考慮在 c 點受有負載 P，③ 桿有溫度上升 ΔT 且當 P 力及 ΔT 由零漸增完成後，形成下圖，試求支承反力 S_B 及 S_F。

1. 首先，此為單向度的軸力系統，Re = 1°，取 S_B 為贅力，由靜平衡方程式有 $S_F = S_B - P$ 之關係式，接著使用切面法並配合公式 $\delta = \dfrac{SL}{AE}$ 而有以下三條方程式，溫差變形應一併「掛上」。注意，S_B 及 S_F 之方向應配合內力符號系統，設在使內力發生張力的方向

$$\delta_1 = \frac{S_B(\ell)}{AE}$$

$$\delta_2 = \frac{(S_B - P)(\ell)}{AE}$$

$$\delta_3 = \frac{S_F(\ell)}{AE} + \alpha \cdot \ell\Delta T$$

3. 接下來考慮變形相合條件，應有 $\delta_1 + \delta_2 + \delta_3 = d$，亦即三根桿件的變形量加總，應能使寬度 d 之縫隙消失。

4. 將 δ_1、δ_2 及 δ_3 置換爲上開三式並與 $S_F = S_B - P$ 聯立即可解得支承反力如下：

$$S_B = \frac{1}{11}\left[5P + \frac{6AE}{\ell}(d - \alpha\ell\Delta T)\right]$$

$$S_F = \frac{1}{11}\left[-6P + \frac{6AE}{\ell}(d - \alpha\ell\Delta T)\right]$$

2-19　靜不定系統例說之三

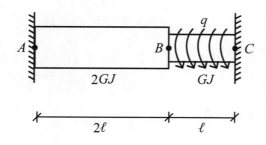

左圖爲一個由 2 個不同橫斷面組合的圓柱桿件，BC 段受有 q 之均佈扭矩，求扭轉角 ϕ_B、支承反力 T_A 及 T_C。

1. 扭力及扭轉角同前例一樣是單向度的問題，首先自行假設 i 軸並繪製自由體圖如圖一，觀察可知 Re = 1°，取 T_C 爲贅力，故 $T_A = T_C + q\ell$。

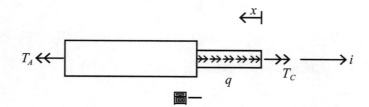

圖一

2. 接著由 $\phi = \dfrac{T\ell}{GJ}$ 公式建立變形相合條件式,首先有 $\phi_{AB} = \dfrac{T_A(2\ell)}{2GJ} = \dfrac{T_A\ell}{GJ}$

($\rightarrow$)。其次處理 BC 段,此段的內力因 q 的均佈扭矩負載而有變化,

必須分析內力函數,設定廣義坐標 x 如圖示,$T_{CB}(x) = T_C + qx$,故

$\phi_{CB} = \displaystyle\int_0^\ell \dfrac{(T_C + qx)dx}{GJ} = \dfrac{T_C\ell + \frac{1}{2}q\ell^2}{GJ}$ ($\leftarrow$) 注意 ϕ_{CB} 之方向與 ϕ_{AB} 相反,若要

表達同樣方向則須取負值!

3. 考慮變形相合條件,因為 A、C 均為固定端,故 B 上任一點扭轉角

對 A 及 C 均同,故有 $\phi_{AB} = -\phi_{CB}$,亦即 $\dfrac{T_A\ell}{GJ} = -\dfrac{T_C\ell + \frac{1}{2}q\ell^2}{GJ}$,可解出

$T_C = -\dfrac{1}{4}q\ell$ ($\leftarrow$);$T_A = \dfrac{3}{4}q\ell$ ($\leftarrow$);$\phi_B = \dfrac{3q\ell^2}{4GJ}$ ($\ni\!\rightarrow$)

2-20 靜不定系統例說之四

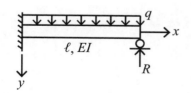

左圖承受 q 之均佈載重直梁,試依圖示 $\langle x$ $y \rangle$ 求 $y_{\max}$

1. 本題展示積分法可直接解靜不定系統,完全不須引入新的理論,甚至

不必設定贅力！這其實並不令人意外，因爲積分法的本質就是同時考慮了力量和位移，其方法特徵在於邊界條件上必有 2 條方程式可用，例如本題左端是 $y = 0$、$y' = 0$；右端是 $y = 0$，$y'' = 0$。

2. 以下爲積分法之標準流程，依圖示〈$x\,y$〉建立各種方程式如下，注意人工校正正負號。

$$y'''' = + \frac{+q}{EI}$$

$$y''' = \frac{-q}{EI}(x + C_1)$$

$$y'' = \frac{-q}{EI}\left(\frac{1}{2}x^2 + C_1 x + C_2\right)$$

$$y' = \frac{q}{EI}\left(\frac{1}{6}x^3 + \frac{1}{2}C_1 x^2 + C_2 x + C_3\right)$$

$$y = \frac{q}{EI}\left(\frac{1}{24}x^4 + \frac{1}{6}C_1 x^3 + \frac{1}{2}C_2 x^2 + C_3 x + C_4\right)$$

3. 考慮邊界條件解積分常數有 $C_1 = \frac{-5\ell}{8}$、$C_2 = \frac{\ell^2}{8}$、$C_3 = 0$、$C_4 = 0$ 再代回原式有

$$y = \frac{q}{EI}\left(\frac{1}{24}x^4 - \frac{5\ell}{48}x^3 + \frac{\ell^2}{16}x^2\right) = \frac{q}{48EI}(2x^4 - 5\ell x^3 + 3\ell^2 x^2)$$

$$y' = \frac{q}{EI}\left(\frac{1}{6}x^3 - \frac{5\ell}{16}x^2 + \frac{\ell^2}{8}x\right) = \frac{q}{48EI}(8x^3 - 15\ell x^2 + 6\ell^2 x)$$

4. 所謂 y_{max} 處即發生在 $y' = 0$ 的切面上，令 $y'(x) = 0$ 得 $x = 0.5785\ell$，代回 $y(x)$ 式得 y_{max} 爲 $(5.416 \times 10^{-3})\frac{q\ell^4}{EI}$ （↓）即爲所求。

2-21 靜不定系統例說之五

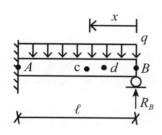

左圖爲一承受均佈載重 q 之直梁，EI 爲定值，求 y_{max}。

1. 本題與前節完全相同，今若以「彎矩面積法」求解又如何？首先判斷靜不定度 Re = 1°，令 R_B 爲贅力。

2. 利用組合彎矩圖繪 κ 圖如圖一所示，建立彎矩面積法公式，注意此動作即在尋找變形相合條件，故彎矩面積法解靜不定系統與解靜定系統並無差別，仍是兩條方程式解兩個未知數。

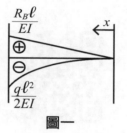

圖一

$$\theta_B = \theta_A + \frac{1}{2} \frac{R_B \ell}{EI} \cdot \ell - \frac{1}{3} \cdot \frac{q\ell^2}{2EI} \cdot \ell = \frac{R_B \ell^2}{2EI} - \frac{q\ell^3}{6EI}$$

$$y_B = y_A + \ell\theta_A + \frac{R_B \ell^2}{2EI} \cdot \frac{2}{3}\ell - \frac{q\ell^3}{6EI} \cdot \frac{3\ell}{4}$$

其中 $y_A = 0$、$y_B = 0$、$\theta_A = 0$，

$$\Rightarrow R_B = \frac{3q\ell}{8} \, (\uparrow) \text{、} \theta_B = \frac{q\ell^3}{48EI} \, (\circlearrowright)$$

3. 接著依題意分析 y_{max}，自行定義廣義坐標 x 如題目所示，設 C 處有 y_{max}，對 CB 段建立彎矩面積法公式如下，而 C 處的轉角爲零表 $\theta_C = 0$，故有：

$$\theta_B = \theta_C + \theta_{B/C} \Rightarrow \frac{q\ell^3}{48EI} = 0 + \frac{R_B x}{EI} \cdot \left(\frac{x}{2}\right) - \frac{qx^2}{2EI} \cdot \left(\frac{x}{3}\right), \text{ 其中 } R_B = \frac{3}{8}q\ell, \text{ 可整理得}$$

$8x^3 - 9\ell x^2 + \ell^3 = 0$，此式適用全梁範圍，又因 $x = \ell$ 時有 $y' = \theta_A = 0$ 之條件，故 $x = \ell$ 為其中一解，故可再推得下式

$$(x - \ell)(8x^2 - \ell x - \ell^2) = 0$$

最終由公式解有 $x = 0.4215\ell$

4. 解得 C 處位置後再將 $x = 0.4215\ell$ 代入另一條公式即解得 $y_C = y_{max}$

$$y_B = y_C + x\theta_C + t_{B/C} \Rightarrow 0 = y_C + \left(\frac{R_B x^2}{2EI} \cdot \frac{x}{3}\right) - \left(\frac{qx^3}{6EI} \cdot \frac{x}{4}\right)$$

$$\Rightarrow y_C = -5.416 \times 10^{-3} \times \frac{q\ell^4}{EI} \ (\downarrow)$$

2-22 靜不定系統例說之六

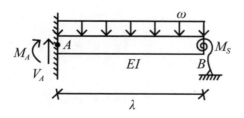

左圖為一承受 ω 均佈負載之直梁，B 端旋轉彈簧勁度 $kt = \dfrac{\alpha EI}{\lambda}$，試就 $\alpha \to \infty$ 與 $\alpha \to 0$ 兩種情況討論支承反力。

1. 本題 B 處的支承頗為特殊，僅有一旋轉彈簧連結表示 B 點存在撓度，而撓角與彈簧內力 M_S 有關。首先判斷 Re = 1°，設 M_S 為贅力，擬使用彎矩面積法求解。

2. 由組合彎矩圖繪 κ 圖如圖一，此時的 θ_B 值可依虎克定律求值為 $\dfrac{M_S}{kt}$，而方向應與 M_S 相反，M_S 屬內力符號系統之正彎矩，由圖二可知在 M_S 為正值時 θ_B 應為負值，可建立以下彎矩面積法公式解出 M_S。

$$\theta_B = \theta_A + \frac{M_S}{EI}\lambda - \frac{\omega\lambda^2}{2EI} \cdot \frac{\lambda}{3}$$

$$-M_S\left(\frac{\lambda}{\alpha EI}\right) = \frac{M_S}{EI}\lambda - \frac{\omega\lambda^3}{6EI}$$

$$\Rightarrow M_S = \frac{\omega\lambda^2\alpha}{6(1+\alpha)} \,(\circlearrowleft)$$

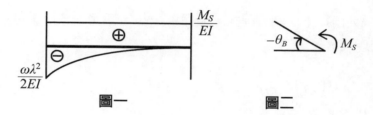

圖一　　　　　　圖二

3. 本題欲討論支承反力，自須返回靜平衡方程式解得 $V_A = \omega\lambda$ 及 $M_A = \dfrac{\omega\lambda^2(3+2\alpha)}{6(1+\alpha)}$，並就題意將 $\alpha \to \infty$ 及 $\alpha \to 0$ 兩情況代入如下：

①當 $\alpha \to 0$：$V_A = \omega\lambda$、$M_A = \dfrac{3\omega\lambda^2}{6} = \dfrac{\omega\lambda^2}{2}$、$M_S = 0$

②當 $\alpha \to \infty$：$V_A = \omega\lambda$、$M_A = \lim\limits_{\alpha\to\infty}\dfrac{2\omega\lambda^2}{6} = \dfrac{\omega\lambda^2}{3}$、

$$M_S = \lim_{\alpha\to\infty}\frac{\omega\lambda^2\alpha}{6(1+\alpha)} = \frac{\omega\lambda^2}{6}$$

由上可知，$\alpha \to 0$ 時 M_S 為 0，B 端可視為自由端，$\alpha \to \infty$ 時 $M_S = \dfrac{\omega\lambda^2}{6}$，$B$ 端可視為抗彎支承如圖三

$\alpha \to 0$時：　　　　　　$\alpha \to \infty$時：

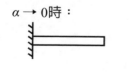

圖三

2-23 靜不定系統例說之七

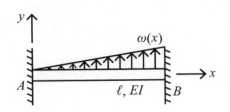

左圖直梁承受線性分佈負載如圖所示，在給定的 $\langle x\ y \rangle$ 下 $\omega(x)=\dfrac{P_o}{\ell}x$，試求支承反力及直梁變形曲線函數 $y(x)$。

1. 本題擬使用積分法求解，依圖示之 $\langle x\ y \rangle$ 寫出 $\dfrac{\omega(x)}{EI}$ 爲 $y''''(x)$ 並連續積分四次列出以下 5 條方程式，因採用 $\langle x\ y \rangle$ 爲第一象限，可不須人工校正正負號。

$$y''''=+\frac{+P_o}{\ell}x\left(\frac{1}{EI}\right)=\frac{P_o x}{EI\ell}$$

$$y'''=\frac{P_o}{EI\ell}\left(\frac{1}{2}x^2+C_1\right)$$

$$y''=\frac{P_o}{EI\ell}\left(\frac{1}{6}x^3+C_1 x+C_2\right)$$

$$y'=\frac{P_o}{EI\ell}\left(\frac{1}{24}x^4+\frac{1}{2}C_1 x^2+C_2 x+C_3\right)$$

$$y=\frac{P_o}{EI\ell}\left(\frac{1}{120}x^5+\frac{1}{6}C_1 x^3+\frac{1}{2}C_2 x^2+C_3 x+C_4\right)$$

3. 接下來考慮 B.C. 求解積分常數 C_1、C_2、C_3 及 C_4，再代回得變形函數 $y(x)$ 即爲所求，儘管本系統 Re = 2° 屬高度靜不定，但解題並沒有因此變得複雜！

$x=0, y=0:\ C_4=0;$

$x=0, y'=0:\ C_3=0;$

$x=\ell, y'=0:\ \dfrac{\ell^4}{24}+\dfrac{C_1\ell^2}{2}+C_2\ell=0$

$x=\ell, y=0:\ \dfrac{\ell^5}{120}+\dfrac{C_1\ell^3}{6}+\dfrac{C_2\ell^2}{2}=0$

$\Rightarrow\begin{cases}C_1=-\dfrac{3\ell^2}{20}\\[2mm]C_2=\dfrac{\ell^3}{30}\end{cases}$

故 $y(x) = \dfrac{P_o}{EI\ell}\left(\dfrac{1}{120}x^5 - \dfrac{\ell^2}{40}x^3 + \dfrac{\ell^3}{30}x^2\right)$ 即為所求。

4. 最後，依題意使用 $y''(x) \cdot EI$ 和 $y'(x) \cdot EI$ 推出內力函數，再代入支承之切面位置即 $x = 0$ 和 $x = \ell$ 得支承反力，注意解得的剪力 V 和彎矩 M 是遵循內力的符號系統，故仍須返回切面法從自由體圖中判斷方向，如圖一所示。

$y'''(x) \cdot EI = V(x) = \dfrac{P_o}{\ell}\left(\dfrac{1}{2}x^2 - \dfrac{3\ell^2}{20}\right)$

$V(0) = -\dfrac{3P_o\ell}{20}$; $V(\ell) = \dfrac{7P_o\ell}{20}$

又 $y''(x) \cdot EI = M(x) = \dfrac{P_o}{\ell}\left(\dfrac{1}{6}x^3 - \dfrac{3\ell^2}{20}x + \dfrac{\ell^3}{30}\right)$

$M(0) = \dfrac{P_o\ell^2}{30}$; $M(\ell) = \dfrac{3P_o\ell^2}{20}$

$V_A = \dfrac{3P_o\ell}{20}$ ($\downarrow$)

$M_A = \dfrac{P_o\ell^2}{30}$ ($\circlearrowleft$)

$V_B = \dfrac{7P_o\ell}{20}$ ($\downarrow$)

$M_B = \dfrac{3P_o\ell^2}{20}$ ($\circlearrowright$)

圖一

2-24 靜不定系統例說之八

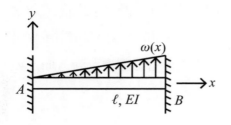

左圖直梁承受負載如圖所示，

$\omega(x) = \dfrac{P_o}{\ell} x$，求支承反力及 $y(x)$。

1. 本題與前例完全相同，若改用彎矩面積法，答案當然相同，但過程又如何呢？首先，Re = 2°，必須選擇贅力，直覺上似應選 V_B 與 M_B，但切面切在 A 處又該如何處理 $\omega(x)$ 的彎矩圖呢？故我們改選 V_A 與 M_A 為贅力，切面設定在 B 處，繪 κ 圖如圖一。

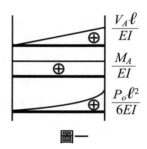

圖一

2. 接著建立彎矩面積法公式，應有以下二式應成立

$$\cancel{\theta_B^{\,\circ}} = \cancel{\theta_A^{\,\circ}} + \frac{V_A \ell^2}{2EI} + \frac{M_A \ell}{EI} + \frac{P_o \ell^3}{(6)(4EI)}$$

$$\cancel{y_B^{\,\circ}} = \cancel{y_A^{\,\circ}} + \cancel{\ell \theta_A^{\,\circ}} + \frac{V_A \ell^2}{EI \cdot 2}\left(\frac{\ell}{3}\right) + \frac{M_A \ell^2}{EI \cdot 2} + \frac{P_o \ell^3 \cdot \ell}{24 \cdot 5EI}$$

$$\Rightarrow M_A = \frac{P_o \ell^2}{30}\ (\circlearrowleft) 、 V_A = -\frac{3}{20}P_o\ell\ (\downarrow)$$

接著回到自由體圖，以靜平衡方程式解出 B 點反力如下：

$$V_B = -\left(-\frac{3}{20}P_o\ell\right) - P_o(\ell)\left(\frac{1}{2}\right) = -\frac{7}{20}P_o\ell\,(\downarrow)$$

$$M_B = \frac{P_o\ell^2}{30} + \left(-\frac{3}{20}P_o\ell\right)(\ell) + \frac{P_o\ell}{2}\cdot\frac{\ell}{3} = \frac{3}{20}P_o\ell^2\,(\circlearrowright)$$

3. 最後，利用切面法寫出 $M(x)$ 之內力函數，自由體圖如圖二，將其除以 EI 得 $y''(x)$，再考慮固定端解積分常數得 $y(x)$ 如下：

圖二

$$M(x) = \frac{P_o\ell^2}{30} - \frac{3P_o\ell}{20}(x) + \frac{P_o}{\ell}x^2\left(\frac{x}{3}\right)\left(\frac{1}{2}\right)$$

$$= +\frac{P_o}{6\ell}x^3 - \frac{3P_o\ell}{20}x + \frac{P_o\ell^2}{30}$$

$$\Rightarrow y'' = +\frac{+M(x)}{EI} = \frac{P_o}{\ell EI}\left(\frac{1}{6}x^3 - \frac{3\ell^2}{20}x + \frac{\ell^3}{30}\right)$$

$$\Rightarrow y' = \frac{P_o}{\ell EI}\left(\frac{1}{24}x^4 - \frac{3\ell^2}{40}x^2 + \frac{\ell^3}{30}x + C_1\right)$$

$$\Rightarrow y = \frac{P_o}{\ell EI}\left(\frac{1}{120}x^5 - \frac{\ell^2}{40}x^3 + \frac{\ell^3}{60}x^2 + C_1x + C_2\right)$$

$x = 0, y = 0: C_2 = 0$

$x = 0, y' = 0: C_1 = 0$

$$\Rightarrow y(x) = \frac{P_o}{\ell EI}\left(\frac{1}{120}x^5 - \frac{\ell^2}{40}x^3 + \frac{\ell^3}{60}x^2\right)$$

2-25　靜不定系統例說之九

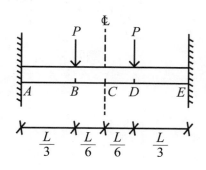

左圖為一個在 B 及 D 點處承受集中負載的直梁，℄ 為其鏡射面，左右在材料、尺寸和支承均具對稱性，試求 C 點之撓度。

1. 本題 Re = 2°，如考慮對稱性可降靜不定度，為何呢？我們分作內力與位移兩方面說明如下：首先，將對稱軸通過之斷面 C 點取出繪自由體

圖如圖一，可發現內力函數亦爲左右對稱，且若 $F = 0$，則 C 點之 V 爲零，代表可自由上下移動；接著考慮 C 點之變位如圖二，可發現亦爲左右對稱，即 $\theta_L = \theta_R$ 可推得 θ_C 應爲零，代表不可自由發生彎矩。

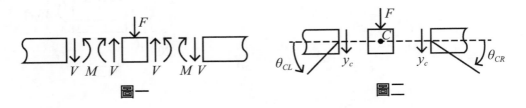

圖一　　　　　　　　　　圖二

綜上，C 點可修整爲抗彎支承如圖三所示，此時靜不定度發現降爲 1 度。

2. 接著回到彎矩面積法令 M_C 爲贅力，繪 κ 圖如圖四，建立公式求解 y_C 即可。爲使求解便利，我們令 $\ell = \dfrac{L}{6}$。

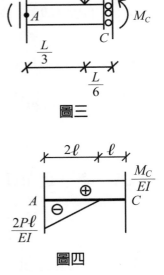

圖三

$$\theta_C = \theta_A + \frac{M_C}{EI}(3\ell) - \frac{2P\ell}{EI}\left(\frac{2\ell}{2}\right)$$

$$y_C = y_A + \ell\theta_A + \frac{3\ell M_C}{EI}\left(\frac{3}{2}\ell\right) - \frac{2P\ell^2}{EI}\left(\ell + 2\ell \cdot \frac{2}{3}\right)$$

$$\Rightarrow M_C = \frac{2}{3}P\ell$$

$$\Rightarrow y_C = \frac{-5P\ell^3}{3EI} = \frac{-5PL^3}{648EI}$$

圖四

2-26　靜不定系統例說之十

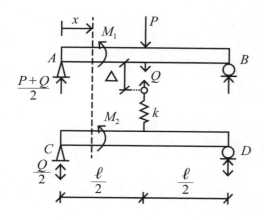

左圖為兩直梁用一彈簧連結而成的結構系統，梁之 EI 為定值，系統為左右對稱，已知 P 力作用使該處位移超過Δ以致彈簧內力大於 0，試求該內力 Q 為何？

1. 本題的原圖為 P 力等於 0 時的狀態，其最終狀態可以二階段完成，先將彈簧一端與上部結構連上產生Q力，然後再使P力由零漸增至P值。

2. 觀察結構系統，上、下部結構均為簡支梁，是靜不定度為零的「基元結構」，以彈簧連結，Re = 1°，設 Q 力為贅力。本題擬使用卡二定理，亦即 P 力及 Q 力所產生的應變能將儲存於雙梁和彈簧中。

3. 使用切面法寫出內力函數有 $M_1(x)=\dfrac{P+Q}{2}(x)$、$M_2(x)=\dfrac{-Q}{2}(x)$，建立應變能方程式有

$$U=2\cdot\left[\int_0^{\frac{\ell}{2}}\frac{M_1^2 dx}{2EI}+\int_0^{\frac{\ell}{2}}\frac{M_2^2 dx}{2EI}\right]+\frac{Q^2}{2k}$$

4. 接著便是卡二定理的使用，將 U 對 Q 微分應得 Q 之作用方向的位移量 Δ，故有

$$\frac{\partial U}{\partial Q}=\frac{1}{EI}\left[\int_0^{\frac{\ell}{2}}\frac{P+Q}{2}(x)\left(\frac{x}{2}\right)dx+\int_0^{\frac{\ell}{2}}\frac{Q}{2}(x)\left(\frac{x}{2}\right)dx\right]+\frac{Q}{k}=\Delta$$

$$\Rightarrow Q(2\ell^3 k+96EI)=\Delta(96EIk)-k\ell^3 P$$

$$\Rightarrow Q = \frac{k(\Delta 96EI - \ell^3 P)}{2(\ell^3 k + 48EI)} \quad （若爲負值表壓力）$$

2-27　靜不定系統例說之十一

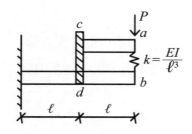

一結構系統在 P 力作用完成後如圖所示，cd 爲剛性桿件，a、b 兩自由端以直線彈簧連結，求彈簧內力 Q 爲何？

1. 就整體而言，若視彈簧爲內力，則此爲靜定結構，可解得支承反力有 P（↑）及 $2P\ell$（↻），而此時依題意要解彈簧內力 Q，則想像彈簧移去改以一對大小相同方向相反的 Q 力作用如圖一所示。

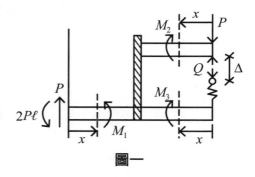

圖一

2. 設廣義坐標如圖一，分析內力函數有 $M_1(x) = Px - 2P\ell$、$M_2(x) = (Q-P)x$、$M_3(x) = -Qx$ 及 $F_S = -Q$，至於 cd 桿爲剛桿不變形不儲存應變能故可省略。

4. 建立應變能公式應有

$$U = \int_0^\ell \frac{M_1^2 dx}{2EI} + \int_0^\ell \frac{M_2^2 dx}{2EI} + \int_0^\ell \frac{M_3 dx}{2EI} + \frac{(-Q)^2}{2k}$$

5. 因彈簧自始便與 a、b 兩點連接，故有$\Delta = 0$ 之條件，我們引用卡二定理列式如下：

$$\frac{\partial U}{\partial Q} = \Delta = 0 = \frac{1}{EI}\Big[\int_0^\ell (Px - 2P\ell)(0)dx + \int_0^\ell (Q - P)x(x)dx + \int_0^\ell (-Qx)(-x)dx \Big] + \frac{+Q}{k}$$

$$\Rightarrow Q = \frac{P}{5}（正值表壓力）$$

Note

第3章
結構學

3-1　使用單位力法求解靜不定系統例說之一

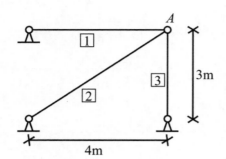

結構系統由均質細長桿連結而成如左圖所示，已知抗拉剛度 $AE = 3000t$、①桿過長 3cm，試求 (1)S_1、S_2、S_3；(2)$(\Delta_A)_V$ 及 $(\Delta_A)_H$。

1. 本題擬用單位力法求解，觀察知 Re = 1°，取 S_1 為贅力，想像①桿取出先施予 S_1 將過長的 4.03m 壓回為 4m，再將其安裝回系統中，此瞬間儲存在桿中的應變能重新分配予系統，各桿件接著發生變形產生內力。上開之 S_1 實為系統內力，應以一對大小相同、方向相同的型態出現如圖一所示。

2. 接著，繪出假想結構並加以單位力如圖二，為使計算便利，其方向與 S_1 相同。

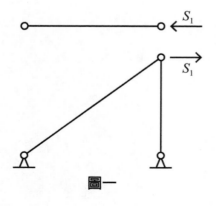

圖一

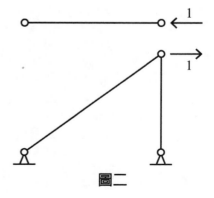

圖二

3. 建立計算表如下：

桿件	〈一〉	〈二〉	桿長
①	$-S_1$	-1	4
②	$\dfrac{5}{4}S_1$	$\dfrac{5}{4}$	5
③	$-\dfrac{3}{4}S_1$	$-\dfrac{3}{4}$	3

4. 接著便是建立單位力法公式，解得贅力 S_1 後，由整體 *FBD* 配合靜平衡方程式解出其他支承反力。注意 ① 桿之過長是先在安裝前便須壓回，此點在假想結構上亦同步發生，故單位力作功不爲零！

$$1 \cdot 0.03 = \frac{1}{AE}\left[(-S_1)(-1)(4) + \left(\frac{5}{4}S_1\right)\left(\frac{5}{4}\right)(5) + \left(-\frac{3}{4}S_1\right)\left(-\frac{3}{4}\right)(3)\right]$$

$\Rightarrow S_1 = 6.67t（壓）、S_2 = 8.33t（拉）、S_3 = -5t（壓）$

6. 各桿之內力均解得後，可利用「維氏圖」找相合變形條件解 *A* 點變位如下：

$$(\Delta_A)_V = \frac{S_3\ell_3}{AE} = \frac{-15}{AE} = -0.005(\text{m})(\downarrow)$$

$$(\Delta_A)_H = \frac{S_1\ell_1}{AE} + 0.03 = \frac{(+6.67)(4)}{3000} + 0.03$$

$$= 0.021(\text{m})(\rightarrow)$$

3-2 使用單位力法求解靜不定系統例說之二

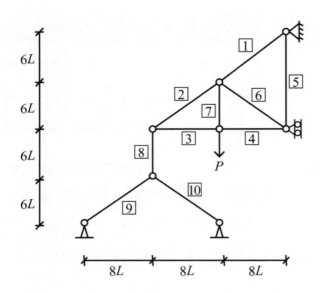

一結構系統受外加負載如圖所示，各桿件之 AE 為定值，求各支承反力。

1. 首先判斷靜不定度 Re = 1°，取 S_8 為贅力，事實上取任一桿為贅力均可，但 S_8 解出後，系統便分作上、下 2 靜定結構，如此較方便解支承反力。接著繪真實內力圖及單位力圖並列表分析各桿內力及桿長。如下圖一與表一。

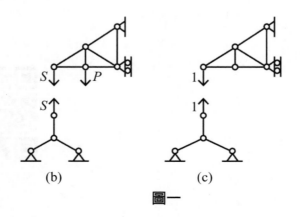

(b)　　　　　(c)

圖一

表一

編號	(b)	(c)	ℓ_i
①	$\dfrac{5}{6}(P+2S_8)$	$\dfrac{5}{3}$	10L
②	$\dfrac{5}{3}S_8$	$\dfrac{5}{3}$	10L
③	$-\dfrac{4}{3}S_8$	$-\dfrac{4}{3}$	8L
④	$-\dfrac{4}{3}S_8$	$-\dfrac{4}{3}$	8L
⑤	$\dfrac{1}{2}P$	0	12L
⑥	$-\dfrac{5}{6}P$	0	10L
⑦	P	0	6L
⑧	S_8	1	6L
⑨	$\dfrac{5}{6}S_8$	$\dfrac{5}{6}$	10L
⑩	$\dfrac{5}{6}S_8$	$\dfrac{5}{6}$	10L

3. 接著建立單位力法公式，⑧桿被切開處相對位移量是零，再者⑧桿無尺寸過長或過短，故單位力不作功，可有 $1 \cdot 0 = \sum\limits_{i=1}^{10}\dfrac{n_iS_i\ell_i}{AE_i}$ 之成立，解方程式得 $S_8 = -0.134P$，因贅力方向配合內力符號系統，故負號表示⑧桿承受壓力。

4. 最後以靜平衡方程式解出各支承反力如圖二所示，即為所求。

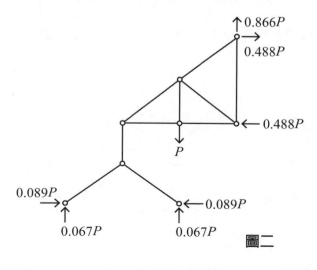

圖二

3-3 使用單位力法求解靜不定系統例說之三

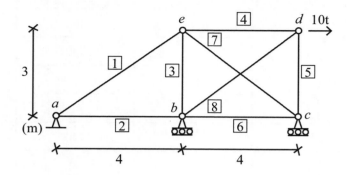

結構系統受外加負載如圖所示，已知桿件抗拉勁度 $\frac{AE}{L}=1000(t/m)$，⑧桿過長 $\delta_0=+1cm$，⑦桿 $\Delta T=+100℃$（$\alpha=10^{-5}$ 1/℃），b 點支承下陷 $\Delta_b=1cm$，求各桿內力為何？

1. 首先，觀察知 Re = 2°，我們取 ⑦ 桿內力 S 及 b 處反力 R_b 為贅力，繪製內力圖一及單位力圖二及三，注意 ⑦ 桿溫升變形的虛構力 $S_7^* = AE\alpha\Delta T$ 及 ⑧ 桿桿件過長的虛構力 $S_8^* = \frac{\delta_0 AE}{L}$ 應一併考慮於圖一中。

2. 接著列表整理各桿之內力及桿長如下表。

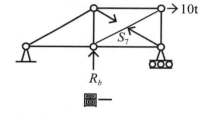

圖一

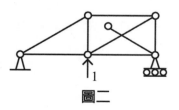

圖二

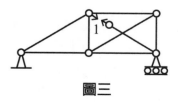

圖三

編號	〈一〉	〈二〉	〈三〉	ℓ_i	內力（Ans.）
①	$\dfrac{5}{6}R_b+\dfrac{5}{8}F$	$\dfrac{5}{6}$	0	5	$2.968t$
②	$-\dfrac{2}{3}R_b+\dfrac{1}{2}F$	$-\dfrac{2}{3}$	0	4	$7.625t$
③	$-\dfrac{1}{2}R_b-\dfrac{3}{5}S-\dfrac{3}{8}F$	$-\dfrac{1}{2}$	$-\dfrac{3}{5}$	3	$2.289t$
④	$\dfrac{2}{3}R_b-\dfrac{4}{5}S+\dfrac{1}{2}F$	$\dfrac{2}{3}$	$-\dfrac{4}{5}$	4	$7.801t$
⑤	$\dfrac{1}{2}R_b-\dfrac{3}{5}S-\dfrac{3}{8}F$	$\dfrac{1}{2}$	$-\dfrac{3}{5}$	3	$-1.649t$
⑥	$-\dfrac{4}{5}S$	0	$-\dfrac{4}{5}$	4	$5.426t$
⑦	$S+S_7^*$	0	1	5	$-6.783t$
⑧	$-\dfrac{5}{6}R_b+S+\dfrac{5}{8}F+S_8^*$	$-\dfrac{5}{6}$	1	5	$2.749t$

4. 一個假想結構圖可建立 1 條單位力法公式，圖二及圖三兩條方程式恰可解得贅力，溫升變形是桿件安裝後發生的事，故單位力並不因此作功，是以，

$$-(1 \cdot \Delta_b)=\frac{1}{AE}\sum_{i=1}^{8}(n_i)_{\langle二\rangle}S_i\,\ell_i \Rightarrow 2.778R_b-1.367S=-1.667$$

$$1 \cdot \Delta_{e/e'}^{\circ}=\frac{1}{AE}\sum_{i=1}^{8}(n_i)_{\langle三\rangle}S_i\,\ell_i \Rightarrow -1.367R_b+4S=-21.75$$

5. 聯立上二式有 $R_b=-3.938t$（↓）；$S=S_7=-6.783t$（壓），最後再以節點法或切面法解各桿內力，其值列於表中即為所求。

3-4　使用共軛梁法求解靜不定系統例說之一

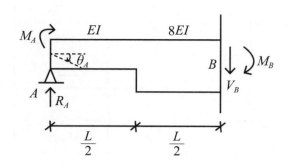

一直梁受 M_A 的外加力偶矩，M_B 為相應產生之內彎矩，若 $\theta_A = 1$ 時，M_A 及 M_B 為何？

1. 本題以觀察法知 Re = 1°。取 R_A 為贅力，擬以共軛梁法求解。首先，題目原圖即 FBD，由靜平衡方程式解得 $V_B = R_A$ 及 $M_B = -(LR_A + M_A)$。

2. 接著繪共軛梁，因梁中之左、右半因「抗撓剛度」 EI 不同應分段考慮 κ 如圖一所示。計算各負載面積有　$F_1 = \dfrac{L^2 R_A}{8EI}$ ；　$F_2 = \dfrac{LM_A}{2EI}$ ；

$F_3 = \dfrac{M_B L}{16EI}$ ；　$F_4 = \dfrac{R_A L^2}{64EI}$，再由

共軛梁之靜平衡方程式可解

得 $R_A = \dfrac{-11M_A}{5L}$ （↓）、$\overline{V}_A = -\dfrac{59M_A L}{320EI}$ （↺）。

3. 現依題示引入已知數 $\theta_A = 1$，此方向為順時針即卡氏坐標系第一象限的負，相當於 $\overline{V}_A = -1$，代回前式解出 $M_A = \dfrac{320EI}{59L}$ （↺）及 $M_B = \dfrac{384EI}{59L}$ （↺），即為所求。

5. 本題中 M_A 為使 A 端產生單位轉角的彎矩，稱為「桿端旋轉勁度」，另

外，$\dfrac{M_B}{M_A}=\dfrac{6}{5}$ 則稱爲「傳遞係數」（Carry over factor: C.O.F.）。

3-5 使用共軛梁法求解靜不定系統例說之二

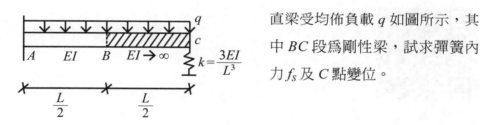

直梁受均佈負載 q 如圖所示，其中 BC 段爲剛性梁，試求彈簧內力 f_s 及 C 點變位。

1. 首先，觀察法知 Re = 1°，取 R_c 爲贅力並使用切面法使彈簧內力出現，可知 $f_s = R_c$，因彈簧承受張力，故 C 點可由彈簧之虎克定律推得爲 $\dfrac{R_c}{k}(\uparrow)$。

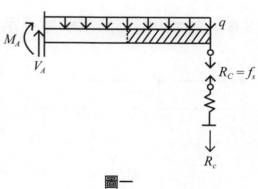

圖一

2. 將此梁共軛梁化並以 B 處爲分段點繪 κ 圖作爲負載如圖二，因 BC 段 $EI \to \infty$，故負載爲零，因而有 $F_1 = \dfrac{V_A L}{8EI}$ ； $F_2 = \dfrac{M_A L}{2EI}$ ； $F_3 = \dfrac{qL^3}{48EI}$ 。檢討未知數有 R_c、$\overline{V}_c$，由

靜平衡方程式可解得 $R_c = -\dfrac{3}{16}qL$，R_c 即彈簧內力 f_s，負值代表彈簧受壓，故 $f_s = \dfrac{3}{16}qL$（壓力）即為所求，再由 $\overline{M}_c = \dfrac{R_c}{k} = -\dfrac{qL^4}{16EI}(\downarrow)$ 即 C 點變位。

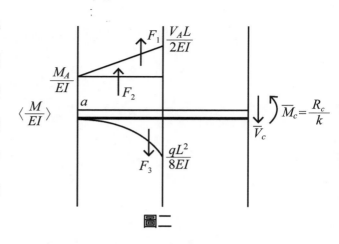

圖二

3-6 使用單位力法求解靜不定剛架例說之一

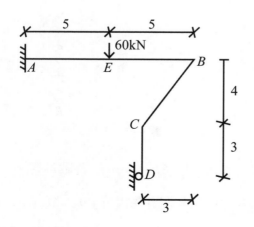

結構系統受集中負載如圖所示，EI 為定值，試求 D 點支承反力。

1. 本題擬使用單位力法求解，因Re = 1°，故取R_d為贅力，接著繪製$\langle \frac{M}{EI} \rangle$及$\langle m \rangle$圖如圖二。

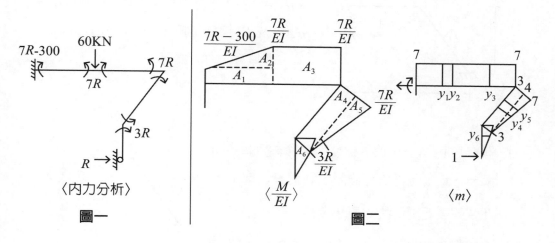

〈內力分析〉

圖一

$\langle \frac{M}{EI} \rangle$

圖二

$\langle m \rangle$

$A_1 = \dfrac{35R - 1500}{EI}$; $y_1 = 7$

$A_2 = \dfrac{750}{EI}$; $y_2 = 7$

$A_3 = \dfrac{35R}{EI}$; $y_3 = 7$

$A_4 = \dfrac{15R}{EI}$; $y_4 = 3 + \dfrac{4}{2} = 5$

$A_5 = \dfrac{10R}{EI}$; $y_5 = 3 + 4 \cdot \dfrac{2}{3} = \dfrac{17}{3}$

$A_6 = \dfrac{9R}{2EI}$; $y_6 = 2$

2. 接著建立單位力法公式，因 d 點為滾支承，其虛位移在 d 點為零向量，故 1 單位力作功亦為零，是以，

$$1 \cdot 0 = \sum_{i=1}^{6} A_i y_i$$

$\Rightarrow R_D = 8.325\text{(kN)}$ (→) 即為所求。

3-7 使用單位力法求解靜不定剛架例說之二

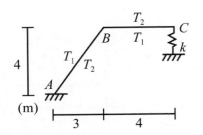

結構系統受溫差影響如圖所示，其中 α、h 及 EI 均為定值，$k = 0.05EI$，$T_2 > T_1$，求彈簧內力 f_s 為何？

1. 觀察知 Re = 1°，取 f_s 為贅力，繪自由體圖如圖一，f_s 方向可任意假設，我們設為向上，此時彈簧受壓，故 C 點撓度為 $-\dfrac{f_s}{k}$（↓）。

2. 本題無承受外加負載，但因 Re > 0°，故溫差仍會引發內力使梁彎曲產生 $\kappa = \dfrac{\alpha\Delta T}{h}$，另彈簧的內力亦使桿件發生內力，其 $\langle \kappa \rangle$ 如圖二所示。接著繪假想結構圖 $\langle m \rangle$ 並施單位力如圖三。

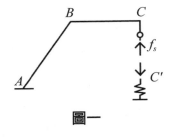

圖一

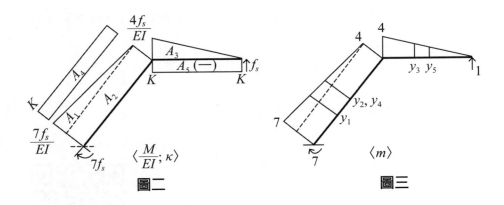

圖二   圖三

3. 最後建立單位力法公式，虛位移為真實結構中 C 點的撓度，因方向與 1 單位力相反，故作負功，是以，

$$1 \cdot \Delta_C = 1 \cdot \left(-\frac{f_s}{k}\right) = \sum_{i=1}^{5} A_i y_i$$

$$\Rightarrow f_s = -9.93 \times 10^{-2}(T_2 - T_1)\frac{\alpha EI}{h}$$

注意因 f_s 為正時彈簧受壓，故上開答案之負值表拉力。

3-8 使用單位力法求解靜不定剛架例說之三

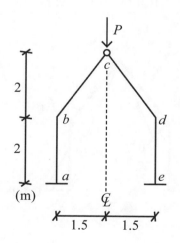

一結構系統承受集中負載如左圖，EI 為定值，試繪出 M-dia。

1. 本系統屬於對稱結構，有對稱軸 $\mathcal{CL}$ 如圖所示，可看「整體算一半」，我們將 C 點修整為滾支承且掛上 $\frac{P}{2}$ 的集中力如圖一，此時 Re = 1，設

F_x 為贅力進行內力分析有 $M_b = 2F_x + \dfrac{3}{4}P$，$M_a = 4F_x + \dfrac{3}{4}P$。

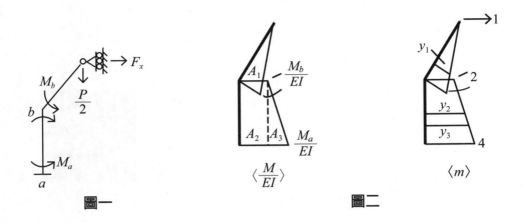

圖一　　　　　　　　　　　　　　　　〈$\dfrac{M}{EI}$〉　　　　　　　　　　〈m〉

圖二

2. 接著為此結構系統繪出〈$\dfrac{M}{EI}$〉及〈m〉圖如圖二，建立單位力法公式有 $1 \cdot (0) = A_1 y_1 + A_2 y_2 + A_3 y_3$ 可解出贅力 $F_x = -0.26P(\leftarrow)$，代回靜平衡方程式得 $M_a = -0.29P$ 及 $M_b = 0.23P$。

3. 在對稱剛架中，內彎矩 M 之分佈亦為左右對稱，故可如「照鏡子」般繪出全系統的 M-dia 如圖三即為所求。

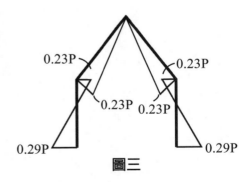

圖三

3-9 固端彎矩壹之型

1. 考慮圖一所示之直梁及外加負載，則兩固定端相應所生之固端彎矩 F_{ab} 及 F_{ba} 分別為何？注意此處 F_{ab} 之 F 是 Fixed（固端）之意。

我們擬採用彎矩面積法，$\mathrm{Re}=2°$，設 R_B 及 F_{ba} 為贅力，因 EI 為定值，考慮最後可相消，故直接繪出 $\langle M \rangle$ 圖如圖二所示，建立公式

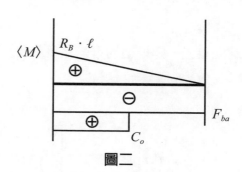

圖一

圖二

$$0 = C\left(\frac{\ell}{2}\right) + \frac{R_B\ell(\ell)}{2} - F_{ba}(\ell)$$

$$0 = \frac{C\ell}{2}\left(\frac{3}{4}\ell\right) + \frac{R_B\ell^2}{2}\left(\frac{2}{3}\ell\right) - \frac{F_{ba}\ell^2}{2}$$

3. 由上聯立解得 $F_{ba} = -\frac{1}{4}C_o$ 及 $F_{ba} = \frac{1}{4}C_o$，並將其標示如圖三，注意 R_a 及 R_b 並非為零，此圖只是記憶方便，未來還會介紹其他型，每一型之結論都必須背熟，考試沒時間推導！

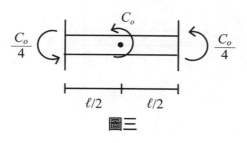

圖三

3-10 固端彎矩貳之型

1. 試將上節之 C_o 改成如圖一所示的 P_o，其結果又如何變化呢？我們繼續沿用彎矩面積法，順便練習對稱結構的解法。

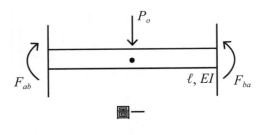

圖一

2. 首先，對稱結構可修整負載及支承成爲圖二，此時 Re 由 2° 降爲 1°，取 F_{ab} 爲贅力。

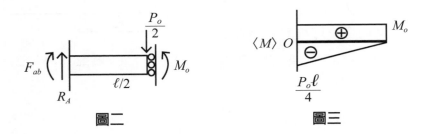

圖二　　　　　　　　　圖三

3. 繪組合彎矩圖如圖三，並建立公式，有 $0 = 0 + M_o\left(\dfrac{\ell}{2}\right) - \dfrac{P_o\ell}{4}\left(\dfrac{\ell}{2}\right)\left(\dfrac{1}{2}\right)$，

解得 $M_o = \dfrac{P_o\ell}{8}$，返回圖二解得 $F_{ab} = -\dfrac{1}{8}P_o\ell$，依對稱性有 $F_{ba} = -\dfrac{1}{8}P_o\ell$，

將結論繪成圖四，此即貳之型。

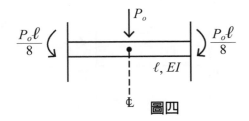

圖四

3-11　固端彎矩參之型

1. 繼續討論其他類型的
負載，若改為 ω 之均
佈負載如圖一所示，
F_{ab} 及 F_{ba} 又如何呢？
沿用彎矩面積法解之。

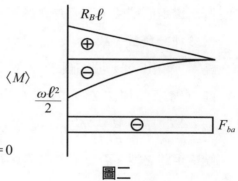

圖一

2. 首先，Re = 2°，取 F_{ba} 及 R_B 為
贅力，繪 $\langle M \rangle$ 圖如圖二，建
立彎矩面積法公式：

$$R_B\ell\left(\frac{\ell}{2}\right) - \frac{\omega\ell^2}{2} \cdot \frac{\ell}{3} - F_{ba}\ell = 0$$

$$\frac{R_B\ell^2}{2}\left(\frac{2\ell}{3}\right) - \frac{\omega\ell^3}{6}\left(\frac{3\ell}{4}\right) - F_{ba}\ell\left(\frac{\ell}{2}\right) = 0$$

$\langle M \rangle$

3. 由上可解得 $F_{ba} = \dfrac{\omega\ell^2}{12}$，$R_B$ 略
而不求，依對稱性可直接推
得 $F_{ab} = \dfrac{\omega\ell^2}{12}$。將結論表示如圖
三，此即參之型。

圖二

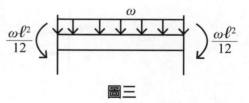

圖三

3-12 固端彎矩肆之型

1. 現考慮溫差變形如圖一所示，其固端彎矩又是如何呢？在此我們直接將 F_{ab} 寫為 M^*，並考慮對稱性寫出 F_{ba}，且假設 $T_2 > T_1$，並已知 h 及 α。

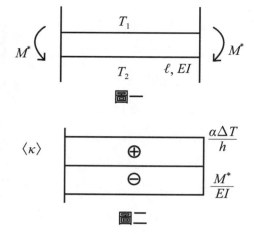

圖一

圖二

2. 擬用彎矩面積法，因溫差變形相當於純彎負載，故 R_A 及 R_B 逕令為零，繪出 $\langle \kappa \rangle$ 圖如圖二。

3. 建立彎矩面積法公式 $\theta_B = \theta_A + \theta_{B/A}$，其中 θ_A 及 $\theta_B = 0$，列式求解 $\dfrac{\alpha\Delta T}{h} \cdot \ell - \dfrac{M^*}{EI} \cdot \ell = 0$，解得 $M^* = \dfrac{\alpha\Delta T \cdot EI}{h}$，將結論繪如圖三即固端彎矩肆之型。若溫差改為 $T_1 > T_2$，則將固端彎矩之方向顛倒便是。

圖三

3-13　固端彎矩伍及陸之型

1. 考慮一直梁受負載如圖一所示，如視 M_a 爲已知數，試求 θ_a 及 M_b 爲何？擬使用共軛梁法求解，判定靜不定度 $R_e = 1°$，取 R_a 爲贅力，將梁共軛化，對 b 處取組合彎矩如圖二。

2. 接著列靜平衡方程式：

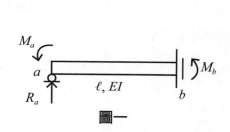

圖一

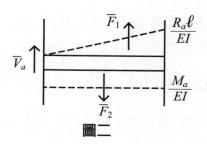

圖二

$$\Sigma \overline{M}_a = 0 : -\overline{F}_2\left(\frac{\ell}{2}\right) + \overline{F}_1\left(\frac{2}{3}\ell\right) = 0$$

$$-\frac{M_a\ell}{2EI} + \frac{2R_a\ell^2}{3EI} = 0$$

$$\Rightarrow R_a = \frac{3M_a}{2\ell} \Rightarrow M_b = \frac{M_a}{2}$$

$$\Sigma \overline{F}_y = 0 : \overline{F}_1 - \overline{V}_a + \overline{F}_2 = 0$$

$$\overline{V}_a = \theta_a = \frac{M_a\ell}{4EI} \text{ (↻)}$$

3. 將結論繪成圖三，可陳述爲：「當 a 端施予 M_a 時，將『傳遞』一半給 b 端，而 M_a

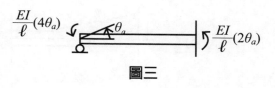

圖三

和 M_b 均可用 θ_a 表示爲 $\frac{EI}{\ell}(4\theta_a)$ 及 $\frac{EI}{\ell}(2\theta_a)$」，此即伍之型要訣。

4. 接著討論陸之型，考慮直梁在 A 端有側移 Δ 如圖四所示，如視 Δ 及 ϕ

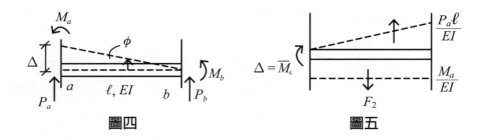

圖四　　　　　　　　　　圖五

為已知數，試求 M_a 及 M_b 為何？同上，$R_e = 2°$，取 M_a 及 P_a 為贅力，由靜平衡方程式可有 $M_b = -M_a + P_a\ell$ 及 $P_a = -P_b$，將梁共軛化如圖五，對 b 處取組合彎矩圖如圖五，再列靜平衡方程式：

$$\Sigma \overline{F}_y = 0 : \frac{P_a\ell^2}{2EI} = \frac{M_a}{EI} \cdot \ell$$

$$\Sigma \overline{M}_a = 0 : \frac{P_a\ell^2}{2EI} \cdot \left(\frac{2}{3}\ell\right) - \frac{M_a\ell^2}{2EI} - \Delta = 0$$

由上二式解得 $M_a = +\frac{EI}{\ell} \cdot (6\phi)$ 及 $M_b = M_a$

注意，此處 Δ 必須遵守小位移理論，故有 $\ell\phi = \Delta$ 之關係式適用。

5. 將結論繪成圖六，可陳述為：「當 a 端發生側移 Δ 時，梁兩端將發生彎矩，其值為 $\frac{EI}{\ell}(6\phi)$」此即陸之型要訣。

6. 本節之圖三和圖六，不論是力量或位移均給於正向，有些人會先背變形曲線再找感覺，其實大可不必，直接死背練熟即可！

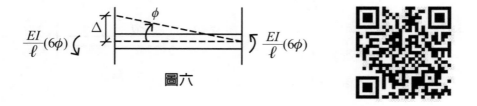

圖六

3-14　修正固端彎矩的四個型

1. 下表左欄 F_{ab} 為前節介紹過的壹至肆之型，我們在中欄故意在 b 端加載一反向的 F_{ba} 藉以與左行之 F_{ba} 相消，由伍之型可知中欄之 $F_{ab}=\frac{1}{2}F_{ba}$，例如壹之型的中欄右端人工加載 $\frac{C_0}{4}$(↻)，則 a 端有相應之 $\frac{C_0}{8}$(↻)，注意反力 R_a 和 R_b 不為零，只是略而不畫。接著，我們將左、中欄線性疊加即可得右欄的 4 個型，此圖中 $M'=0$，即等效為滾支承。現在關注右欄 a 端之彎矩，此即「修正固端彎矩」H_{ab}，此等彎矩亦有四型，會推導即可！

F_{ab}	b 端反向加載推 H_{ab}	H_{ab}（修正後 $M'=0$）
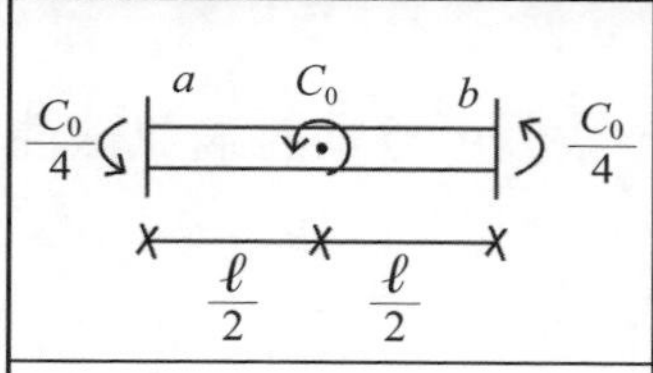	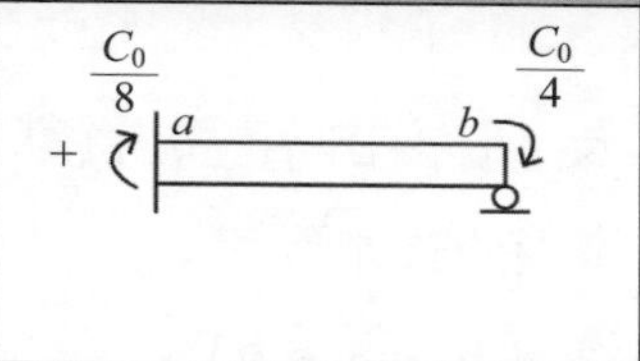	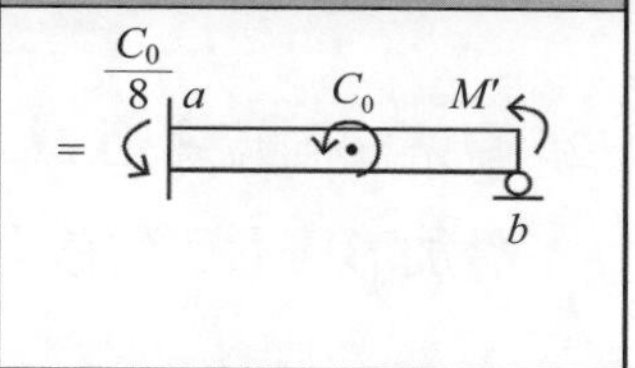
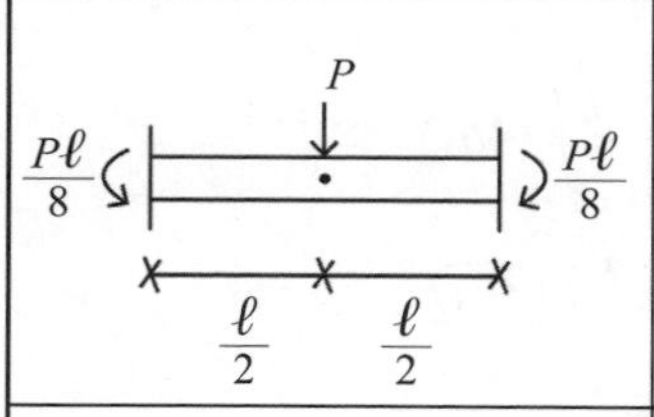	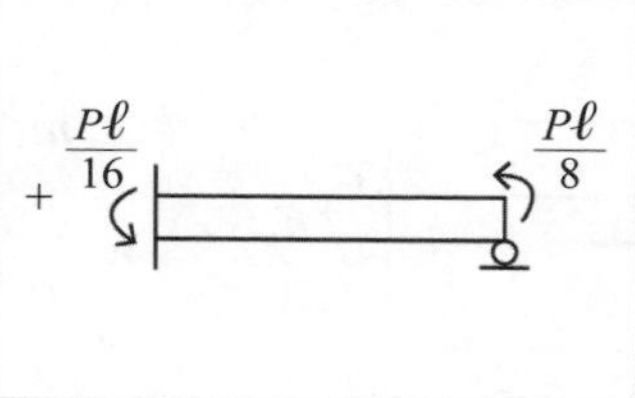	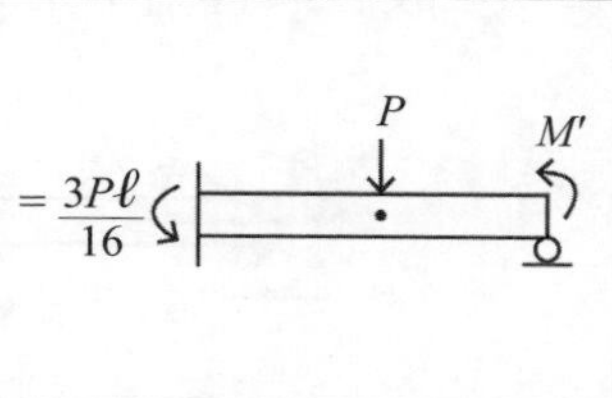
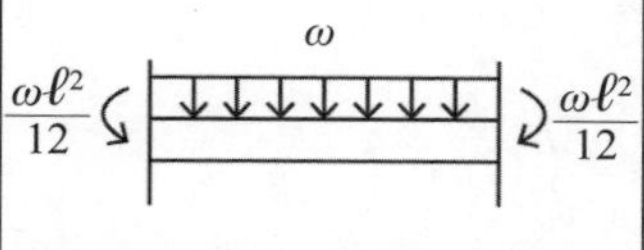	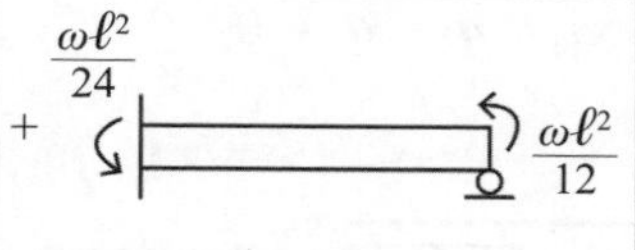	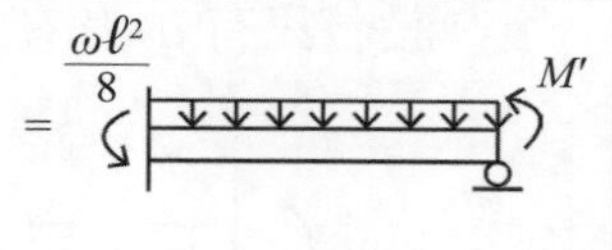
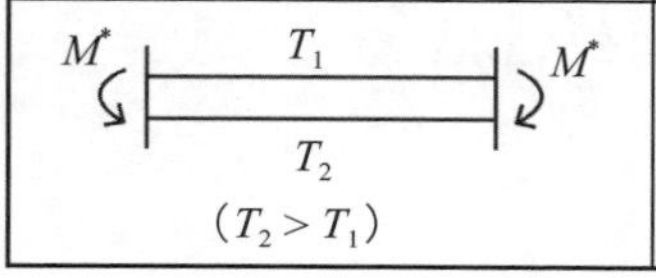	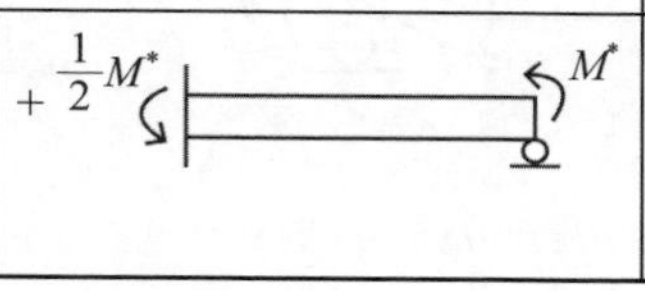	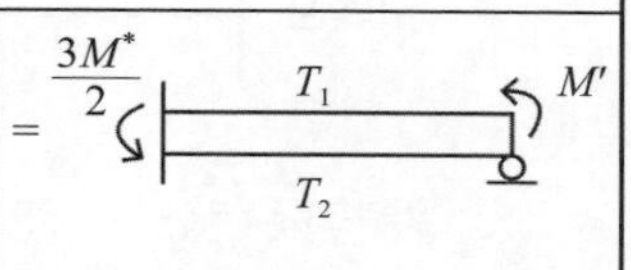

3-15 傾角變位法公式的建立

1. 考慮在結構系統中存有一桿件，其兩端均爲固定端，我們使用切面法取其自由體並將所有可能的內力及位移標上如圖一所示，注意此時假設應變能只計彎矩之影響，故桿件只發生撓曲變形，另外標示之方向均爲卡氏坐標系第一象限的正向。

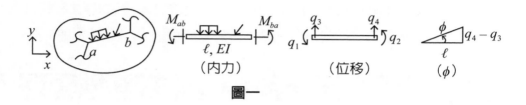

（內力）　（位移）　（ϕ）

圖一

2. 觀察知固端彎矩 M_{ab} 及 M_{ba} 必由 $q_1 \sim q_4$ 貢獻，我們可分別討論並線性疊加形成力與位移之廣義公式如下：

① 設若只有 q_1 存在（$q_2 = q_3 = q_4 = 0$）

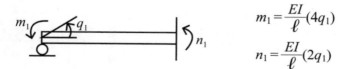

$$m_1 = \frac{EI}{\ell}(4q_1)$$

$$n_1 = \frac{EI}{\ell}(2q_1)$$

② 設若只有 q_2 存在（$q_1 = q_3 = q_4 = 0$）

$$m_2 = \frac{EI}{\ell}(2q_2)$$

$$n_2 = \frac{EI}{\ell}(4q_2)$$

③ 設若只有 q_3 存在（$q_1 = q_2 = q_4 = 0$）

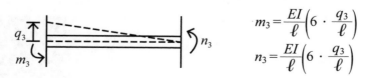

$$m_3 = \frac{EI}{\ell}\left(6 \cdot \frac{q_3}{\ell}\right)$$

$$n_3 = \frac{EI}{\ell}\left(6 \cdot \frac{q_3}{\ell}\right)$$

④ 設若只有 q_4 存在（$q_1 = q_2 = q_3 = 0$）

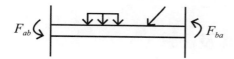

$$m_4 = -\frac{EI}{\ell}\left(6 \cdot \frac{q_4}{\ell}\right)$$

$$n_4 = -\frac{EI}{\ell}\left(6 \cdot \frac{q_4}{\ell}\right)$$

3. 除了位移的貢獻外，尚有外加負載所生之 F_{ab} 及 F_{ba} 亦應一併考慮。故尚有以下：

⑤ 設若只有外加負載（$q_1 = q_2 = q_3 = q_4 = 0$）

F_{ab} ⌇ ＜圖＞ ⌇ F_{ba}

4. 各獨立變量分析完成後，便可加總得固端彎矩公式如下：

$$M_{ab} = m_1 + m_2 + m_3 + m_4 + F_{ab} = \frac{EI}{\ell}\left(4q_1 + 2q_2 + 6\frac{q_3}{\ell} - 6\frac{q_4}{\ell}\right) + F_{ab}$$

其中 $q_1 = \theta_a$，$q_2 = \theta_b$，$\dfrac{q_3 - q_4}{\ell} = -\phi$

$$\Rightarrow \boxed{M_{ab} = \frac{EI}{\ell}(4\theta_a + 2\theta_b - 6\phi) + F_{ab}} \quad\text{——(a)}$$

同理，$M_{ba} = n_1 + n_2 + n_3 + n_4 + F_{ba} = \dfrac{EI}{\ell}\left(2q_1 + 4q_2 + 6\dfrac{q_3}{\ell} - 6\dfrac{q_4}{\ell}\right) + F_{ba}$

$$\Rightarrow \boxed{M_{ab} = \frac{EI}{\ell}(2\theta_a + 4\theta_b - 6\phi) + F_{ba}} \quad\text{——(b)}$$

5. 另外，如 b 端為滾支承，如下圖情形，我們可在 b 端施予一反向之 M_{ba}，並傳遞一半至 a 端，

M_{ab} ⌇ ＜圖＞

故 $M_{ab} = \dfrac{EI}{\ell}(4\theta_a + 2\theta_b - 6\phi) + F_{ab}$

$$-\frac{EI}{\ell}(\theta_a+2\theta_b-3\phi)-\frac{1}{2}F_{ba}$$

$$=\boxed{\frac{EI}{\ell}(3\theta_a-3\phi)+H_{ab}} \quad\text{——(c)：此即修正型固端彎矩公式。}$$

3-16　投影法分析ϕ_i角關係及例說

1. 在傾角變法位中，支承之間的相合
   條件是以各桿的 ϕ 角關係實現的，
   我們先考慮一桿件先由 a、b 平移
   至 a'、b'，接著再以 a' 爲圓心逆鐘
   向旋轉 ϕ 角使 b' 移動至 b'' 處，此
   a'、b'' 連線稱「節點變位連線」，

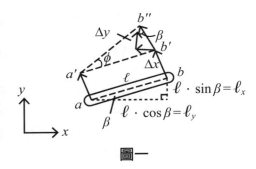

圖一

在給定之〈$x\,y$〉下，由幾何關係可知：產生 ϕ 角之變位如圖一所示，
且 b' 小位移到 b'' 處移動了 Δ，

$$\Delta x=-\Delta\cdot\sin\beta=-\Delta\cdot\frac{\ell_y}{\ell}=-\ell_y\cdot\frac{\Delta}{\ell}=-\ell_y\phi$$

$$\Delta y=+\Delta\cdot\cos\beta=+\Delta\cdot\frac{\ell_x}{\ell}=+\ell_x\cdot\frac{\Delta}{\ell}=+\ell_x\phi$$

上式表示當桿件存有 ϕ 之變位時，b 端節點在 x 方向的位移 Δx 等於桿
件在 y 方向投影之桿長乘以 ϕ 值取負；在 y 方向的位移 Δy 等於桿件在
x 方向投影之桿長乘以 ϕ 值，此法又稱「投影法」。

2. 現考慮一兩桿相連的結構系統如圖二所
   示，試求 ϕ_1 及 ϕ_2 之關係為何？

   我們可發現節點變位連線不論如何繪製，
   a 點與 c 點在垂直向之距離必為定值，以
   a、c（↑）之符號表示，依投影法建立公式
   有 $\Delta y_1 + \Delta y_2 = \ell_{x1}\phi_1 + \ell_{x2}\phi_2 = \ell_1\cos\beta\phi_1 + \ell_2\phi_2 = 0 \Rightarrow$

   $\phi_1 = -\left(\dfrac{\ell_2}{\ell_1\cos\beta}\right)\phi_2$，此即 ϕ_1 及 ϕ_2 之關係式。

3-17 傾角變位法例說之一

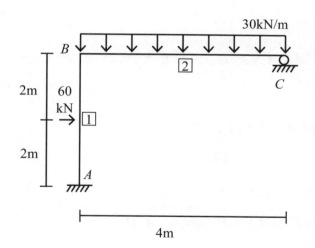

結構系統承受負載如圖所
示，試求（一）各桿端彎
矩；（二）B 點水平變位
B_H；（三）彎矩圖；（四）
變形曲線。

1. 首先觀察支承條件分析 ϕ 角關係，本題有 A、C（↑）用投影法得 $0 +$
   $6\phi_2 = 0$，此式告訴我們不論桿件如何受力，$\phi_2 = 0$，ϕ_1 為任意值。

2. 第二步標示欲分析之桿端彎矩，其方向標示於
〈x, y〉正向如圖一所示。

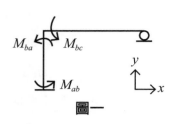

圖一

3. 第三步分析外力造成之固端彎矩，即 F_{ab}、F_{ba}
及 F_{bc}，此處 ①桿用到貳之型如圖二，②桿用
到修正參之型如圖三。

①桿：

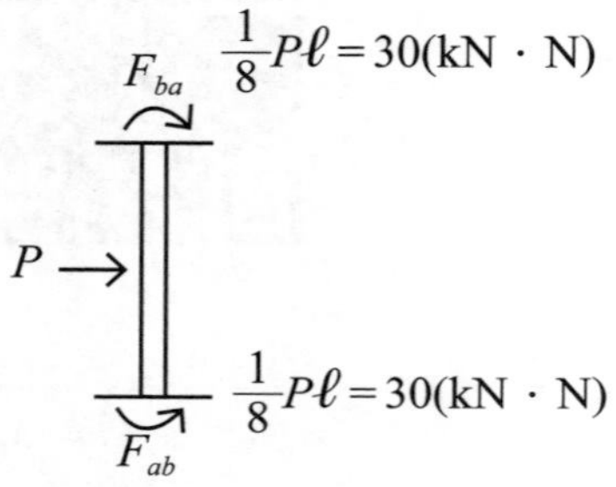

$$\frac{1}{8}P\ell = 30(kN \cdot N)$$

$$\frac{1}{8}P\ell = 30(kN \cdot N)$$

圖二

②桿：

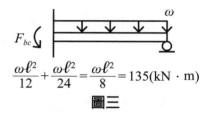

$$\frac{\omega\ell^2}{12} + \frac{\omega\ell^2}{24} = \frac{\omega\ell^2}{8} = 135(kN \cdot m)$$

圖三

4. 第四步為各桿端彎矩建立傾角變位法公式並以變數變換法簡化列式（令
$\bar{\theta}_b = \frac{EI}{2}\theta_b$、$\bar{\phi}_1 = \frac{EI}{2}\phi_1$）

$$M_{ab} = \frac{EI}{4}(4\overset{\circ}{\phi}_a + 2\theta_b - 6\phi_1) + 30 = \bar{\theta}_b - 3\bar{\phi}_1 + 30$$

$$M_{ba} = \frac{EI}{4}(2\overset{\circ}{\phi}_a + 4\theta_b - 6\phi_1) - 30 = 2\bar{\theta}_b - 3\bar{\phi}_1 - 30$$

$$M_{bc} = \frac{EI}{6}(3\theta_b - 2\overset{\circ}{\phi}_2) + 135 = \bar{\theta}_b + 135$$

5. 第五步檢討未知數與方程式數量，觀察可知未知數有 $\bar{\theta}_b$ 及 $\bar{\phi}_1$，需找 2
條靜平衡方程式解之。本題有以下情況：

①0

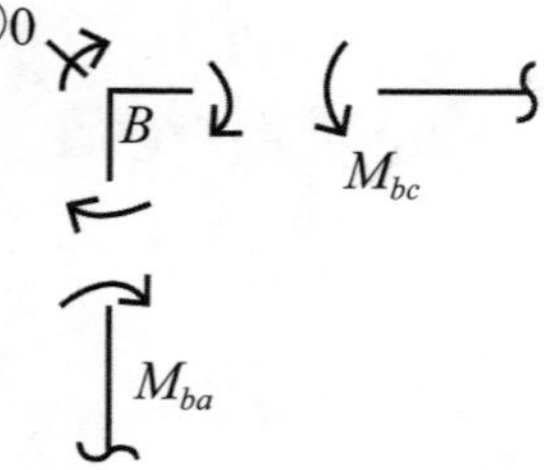

$\Sigma M_B = 0$：

$M_{ba} + M_{bc} = 0$

$\Rightarrow 3\bar{\theta}_b - 3\bar{\phi}_1 + 105 = 0$ —— (a)

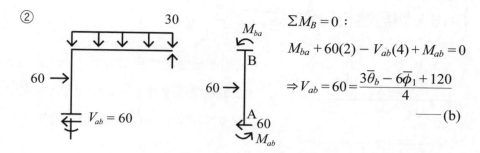

② 30

60 →

$V_{ab} = 60$

M_{ba}

B

60 →

A 60

M_{ab}

$\Sigma M_B = 0$:

$M_{ba} + 60(2) - V_{ab}(4) + M_{ab} = 0$

$\Rightarrow V_{ab} = 60 = \dfrac{3\overline{\theta}_b - 6\overline{\phi}_1 + 120}{4}$

——(b)

6. 第六步聯立 (a)、(b) 二式求解並代回傾角變位法公式得固端彎矩，即為所求如下：

$\overline{\theta}_b = -110$
$\overline{\phi}_1 = -75$

$\Rightarrow$

$M_{ab} = -110 - 3(-75) + 30 = 145 \, \text{kN} \cdot \text{m} \, (\circlearrowright)$

$M_{ba} = 2(-110) - 3(-75) - 30 = -25 \, \text{kN} \cdot \text{m} \, (\circlearrowleft)$

$M_{bc} = -110 + 135 = 25 \, \text{kN} \cdot \text{m} \, (\circlearrowright)$

7. 最後再滿足題目其他要求，首先 $B_H = \ell_1\phi_1 = 4\left(\dfrac{2}{EI}\right)(-75) = -\dfrac{600}{EI} \, (\rightarrow)$，負值表示 ① 桿向順時針旋轉故 B 端向右平移；第二，彎矩圖可繪如圖六，繪於受壓側；第三，變形曲線如圖七，可先繪出變位之虛線，再參考彎矩圖繪出變形，斷面所受之彎矩愈大，曲率也愈大，線形拉順即可。

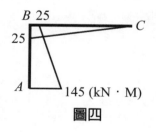

B 25

25

C

A 145 (kN · M)

圖四

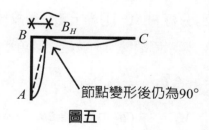

B B_H

C

A

節點變形後仍為90°

圖五

3-18　傾角變位法例說之二

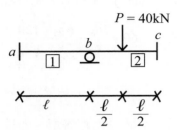

結構系統受集中負載如圖所示，$\ell = 6\,\text{m}$ 已知 b 點支承下陷 1cm，抗撓剛度 $EI = 1.4 \times 10^4\,\text{kN} \cdot \text{m}^2$，求各桿端彎矩。

1. 首先，使用投影法分析 ϕ 角關係，b 點支承下陷如圖一所示，有 $a, b (\uparrow)$：$\phi_1 \ell = -\Delta_0$；$c, b (\uparrow)$：$\phi_2 \ell = +\Delta_0$，如此可推得 $\phi_1 = -\dfrac{\Delta_0}{\ell}$，$\phi_2 = \dfrac{\Delta_0}{\ell}$。

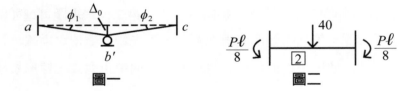

2. 分析 FEM，①桿上無負載故無，②桿為貳之型如圖二所示。

3. 標示固端彎矩，並建立傾角變位法公式如下：

$$\left(\text{令}\ \overline{\theta}_b = \frac{EI}{\ell} \theta_b,\ \overline{\phi}_1 = \frac{EI}{\ell} \phi_1,\ \overline{\phi}_2 = \frac{EI}{\ell} \phi_2 \right)$$

$$M_{ab} = \frac{EI}{\ell}(2\theta_b - 6\phi_1) = 2\overline{\theta}_b - 6\overline{\phi}_1$$

$$M_{ba} = \frac{EI}{\ell}(4\theta_b - 6\phi_1) = 4\overline{\theta}_b - 6\overline{\phi}_1$$

$$M_{bc} = \frac{EI}{\ell}(4\theta_b - 6\phi_2) + \frac{P\ell}{8} = 4\overline{\theta}_b - 6\overline{\phi}_2 + \frac{P\ell}{8}$$

$$M_{cb} = \frac{EI}{\ell}(2\theta_b - 6\phi_2) - \frac{P\ell}{8} = 2\overline{\theta}_b - 6\overline{\phi}_2 - \frac{P\ell}{8}$$

4. 檢討未知數有 $\overline{\theta}_b$，取 b 點之 FBD 如圖三，建立靜平衡方程式有

$$\Sigma M_b = 0 : M_{ba} + M_{bc} = 0 \Rightarrow 8\bar{\theta}_b - 6\bar{\phi}_1 - 6\bar{\phi}_2 + \frac{P\ell}{8} = 0 \Rightarrow \bar{\theta}_b = -\frac{P\ell}{64}$$

代回得固端彎矩有 $M_{ab} = 15.3\text{kN} \cdot \text{m}(\circlearrowright)$; $M_{ba} = 7.8\text{kN} \cdot \text{m}(\circlearrowright)$;

$$M_{bc} = -7.8\text{kN} \cdot \text{m}(\circlearrowleft) \; ; \; M_{cb} = -60.3\text{kN} \cdot \text{m}(\circlearrowleft)$$

b （剪力及軸力略）

圖三

3-19 傾角變位法例說之三

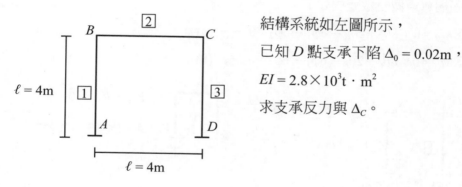

結構系統如左圖所示，
已知 D 點支承下陷 $\Delta_0 = 0.02\text{m}$，
$EI = 2.8 \times 10^3 \text{t} \cdot \text{m}^2$
求支承反力與 Δ_C。

1. 首先投影法分析 ϕ 角關係有 $A, D(\rightarrow) : -\phi_1\ell + \phi_3\ell = 0 \; ; \; A, D(\uparrow) : \ell\phi_2 = -\Delta_0$ 可推得 $\phi_1 = \phi_3$ 及 $\phi_2 = -\dfrac{\Delta_0}{\ell}$。我們以 ϕ_1 為獨立轉角，ϕ_3 為從屬轉角，而 ϕ_2 為已知數。

2. FRM 分析步驟因無外加負載故可略。

3. 建立傾角變位法公式（令 $\bar{\theta}_B = \dfrac{EI}{\ell}\theta_B$ ，$\bar{\phi}_1 = \dfrac{EI}{\ell}\phi_1$ ，$\bar{\phi}_2 = \dfrac{EI}{\ell}\phi_2$ ，

$\bar{\theta}_C = \dfrac{EI}{\ell}\theta_C$ ）

$$M_{ab} = \frac{EI}{\ell}(2\theta_B - 6\phi_1) = 2\bar{\theta}_B - 6\bar{\phi}_1$$

$$M_{ba} = \frac{EI}{\ell}(4\theta_B - 6\phi_1) = 4\bar{\theta}_B - 6\bar{\phi}_1$$

$$M_{bc} = \frac{EI}{\ell}(4\theta_B + 2\theta_C - 6\phi_2) = 4\bar{\theta}_B + 2\bar{\theta}_C - 6\bar{\phi}_2$$

$$M_{cb} = \frac{EI}{\ell}(4\theta_C + 2\theta_B - 6\phi_2) = 4\bar{\theta}_C + 2\bar{\theta}_B - 6\bar{\phi}_2$$

$$M_{cd} = \frac{EI}{\ell}(4\theta_C - 6\phi_1) = 4\bar{\theta}_C - 6\bar{\phi}_1$$

$$M_{dc} = \frac{EI}{\ell}(2\theta_C - 6\phi_1) = 2\bar{\theta}_C - 6\bar{\phi}_1$$

4. 檢討未知數有：$\bar{\theta}_B$、$\bar{\theta}_C$ 及 $\bar{\phi}_1$，引入靜平衡方程式，除 B 及 C 之剛接點可取出繪 FBD 有 $\Sigma M_B = 0$ 及 $\Sigma M_C = 0$ 外，第三條方程式可由整體自由體圖中的 $\Sigma F_{水平} = 0$ 即 $V_{AB} + V_{DC} = 0$，然後再將 $\boxed{1}$、$\boxed{3}$ 桿取出將剪力改以固端彎矩做變數變換如下：

$$\Sigma M_B = 0 : 8\bar{\theta}_B + 2\bar{\theta}_C - 6\bar{\phi}_1 - 6\bar{\phi}_2 = 0 \quad\text{——(a)}$$

$$\Sigma M_C = 0 : 8\bar{\theta}_C + 2\bar{\theta}_B - 6\bar{\phi}_1 - 6\bar{\phi}_2 = 0 \quad\text{——(b)}$$

$$V_{AB} = \frac{M_{AB} + M_{BA}}{\ell}$$

$$V_{DC} = \frac{M_{CD} + M_{DC}}{\ell}$$

$$V_{AB} + V_{DC} = 0$$

$$\Rightarrow 6\bar{\theta}_B + 6\bar{\theta}_C - 24\bar{\phi}_1 = 0$$

$$\text{——(c)}$$

5. 聯立上 (a)、(b) 及 (c) 式得 $\bar{\theta}_B = -3\text{t} \cdot \text{m}$、$\bar{\theta}_C = -3\text{t} \cdot \text{m}$、$\bar{\phi}_1 = -1.5\text{t} \cdot \text{m}$（其中 $\bar{\phi}_2 = -3.5\text{t} \cdot \text{m}$）

6. 代回得桿端彎矩有 $M_{ab} = 3\text{ t} \cdot \text{m}(\circlearrowright)$、$M_{ba} = -3\text{ t} \cdot \text{m}(\circlearrowleft)$、$M_{bc} = 3\text{ t} \cdot \text{m}(\circlearrowright)$
$M_{cb} = 3\text{ t} \cdot \text{m}(\circlearrowright)$、$M_{cd} = -3\text{ t} \cdot \text{m}(\circlearrowleft)$、$M_{dc} = 3\text{ t} \cdot \text{m}(\circlearrowright)$

3-20 傾角變位法例說之四

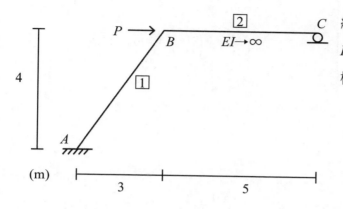

結構系統受集中負載 P 如圖所示,試求各桿端彎矩。

1. 本題 ② 桿爲剛桿,因桿件不發生變形,故存有 $\theta_B = \phi_2$ 之關係式,接著使用投影法分析 ϕ_i 角關係有 $a, c(\uparrow)$:$3\phi_1 + 5\phi_2 = 0 \Rightarrow \phi_1 = -\dfrac{5}{3}\phi_2$

2. 標示欲分析之桿端彎矩有 M_{ab}, M_{ba} 及 M_{bc},另因 P 力並非作用在桿上,故無須進行 FEM 分析。

3. 建立傾角變位法公式(令 $\overline{\theta}_B = \dfrac{EI}{5}\theta_B$)

$$M_{ab} = \frac{EI}{5}\left[2\theta_B - 6\left(-\frac{5}{3}\phi_2\right)\right] = 2\overline{\theta}_B + 10\overline{\theta}_B = 12\overline{\theta}_B$$

$$M_{ba} = \frac{EI}{5}\left[4\theta_B - 6\left(-\frac{5}{3}\phi_2\right)\right] = 4\overline{\theta}_B + 10\overline{\theta}_B = 14\overline{\theta}_B$$

$$M_{bc} = \frac{\infty}{5}\ (\cdots)$$

然而固端彎矩不可能無限大,故 M_{bc} 之位法公式無意義。

4. 未知數有 $\overline{\theta}_B$,但本題 $\Sigma M_B = 0$ 因 M_{bc} 無意義而無法寫出,故我們繪整體自由體圖,這次使用 $\Sigma M_0 = 0$,其中 V_{ab} 則仿上題將 ① 桿取出即可寫成固端彎矩之組合式,是以,

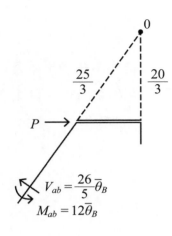

$$V_{ab} = \frac{M_{ab} + M_{ba}}{\ell} = \frac{26}{5}\overline{\theta}_B$$

$$\Sigma M_0 = 0 :$$

$$P\left(\frac{20}{3}\right) - \left(\frac{40}{3}\right)\left(\frac{26}{5}\right)\overline{\theta}_B + 12\overline{\theta}_B = 0$$

$$\Rightarrow \overline{\theta}_B = \frac{5}{43}P(\circlearrowleft)$$

$$V_{ab} = \frac{26}{5}\overline{\theta}_B$$

$$M_{ab} = 12\overline{\theta}_B$$

6. 將 $\overline{\theta}_B$ 代回傾角變位法公式解得 $M_{ab} = \frac{60}{43}P\,(\circlearrowleft)$；$M_{ba} = \frac{70}{43}P\,(\circlearrowleft)$

最後再取 B 點剛接之自由體圖由 $\Sigma M_b = 0$：$M_{ba} + M_{bc} = 0$ 可解

得 $M_{bc} = -\frac{70}{43}P\,(\circlearrowright)$

3-21 傾角變位法例說之五

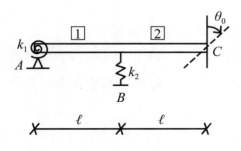

結構系統如左圖所示，固定端有發生傾角 θ_0，頂部溫度 T_1，底部溫度 T_2，$T_1 > T_2$，α、h、$EI = $ CONST. 又已知 $k_1 = \frac{2EI}{\ell}$、$k_2 = \frac{2EI}{\ell^3}$，試求兩彈簧之內力分別為何？

1. 首先使用投影分析 ϕ_i 角關係有 $A, C(\uparrow)$：$\ell\phi_1 + \ell\phi_2 = 0$ 可推得 $\phi_1 = -\phi_2$

2. FEM 分析，此處用上的是肆之型。

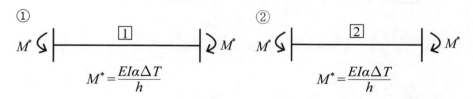

3. 建立傾角變位法公式（令 $\bar{\theta}_A = \dfrac{2EI}{\ell}\theta_A$；$\bar{\theta}_B = \dfrac{2EI}{\ell}\theta_B$；$\bar{\phi}_1 = \dfrac{2EI}{\ell}\phi_1$；

$\bar{\theta}_0 = \dfrac{2EI}{\ell}\theta_0$）

$$M_{ab} = \frac{EI}{\ell}(4\theta_A + 2\theta_B - 6\phi_1) + M^* = 2\bar{\theta}_A + \bar{\theta}_B - 3\bar{\phi}_1 + M^*$$

$$M_{ba} = \frac{EI}{\ell}(2\theta_A + 4\theta_B - 6\phi_1) - M^* = \bar{\theta}_A + 2\bar{\theta}_B - 3\bar{\phi}_1 - M^*$$

$$M_{bc} = \frac{EI}{\ell}[4\theta_B + 2(-\theta_0) + 6\phi_1] + M^* = 2\bar{\theta}_B - \bar{\theta}_0 + 3\bar{\phi}_1 + M^*$$

$$M_{cb} = \frac{EI}{\ell}[4(-\theta_0) + 2\theta_B + 6\phi_1] - M^* = -2\bar{\theta}_0 + \bar{\theta}_B + 3\bar{\phi}_1 - M^*$$

固定端存有 θ_0 之傾角，題示方向爲第一象限的相反方向，要記得取負。

4. 未知數有 $\bar{\theta}_A$、$\bar{\theta}_B$ 及 $\bar{\phi}_1$，建立以下 3 條靜平衡方程式，注意彈簧可提供一條方程式即虎克定律如下

① $\quad\sum M_A = 0$：

$$M_s = -M_{ab} = k\theta_A = \frac{2EI}{\ell}\theta_A = \bar{\theta}_A$$

$$\Rightarrow 3\bar{\theta}_A + \bar{\theta}_B - 3\bar{\phi}_1 + M^* = 0 \quad\text{——(a)}$$

θ_A 之方向須標示於卡氏坐標系之正向，而彈簧提供的是恢復力，故 M_s 應與 θ_A 方向相反爲順時針。又因 M_s 之方向是 M_{ab} 定義的負向，故有 $M_s = -M_{ab}$ 之成立。接著以切面法取出 B 點之 FBD，建立靜平衡方程式如下：

② $\Sigma M_B = 0$：$\overline{\theta}_A + 4\overline{\theta}_B - \overline{\theta}_0 = 0$——(b)

③

（方向配合ϕ_1）

$$F_s = k_2 \cdot \ell\phi_1 = \frac{2EI}{\ell^3} \cdot \ell\phi_1 = \frac{\overline{\phi}_1}{\ell}$$

其中 $V_{ba} = \frac{1}{\ell}(M_{ba} + M_{ab})$；$V_{bc} = \frac{1}{\ell}(M_{bc} + M_{cb})$

$\Sigma F = 0$：$V_{ba} - V_{bc} - F_s = 0 \Rightarrow 3\overline{\theta}_A - 13\overline{\phi}_1 = -3\overline{\theta}_0$——(c)

直線彈簧之方向則須考慮 ϕ_1，由投影法知其 Δy 向上為正，彈簧為回復力應朝相反方向故為向下。

5. 聯立 (a)、(b) 及 (c) 式解得：

$$\overline{\theta}_A = \frac{52M^* - 23\overline{\theta}_0}{-107} ; \ \overline{\theta}_B = \frac{13M^* - 21\overline{\theta}_0}{107} ; \ \overline{\phi}_1 = \frac{12M^* - 30\overline{\theta}_0}{107}$$

6. 本題不需解固端彎矩，可直接解算彈簧內力如下：

$$M_s = \overline{\theta}_A = -0.486\frac{EI\alpha \cdot \Delta T}{h} + 0.43\frac{EI\theta_0}{\ell} \ (\circlearrowright)$$

$$F_s = \frac{\overline{\phi}_1}{\ell} = 0.112\frac{EI\alpha \cdot \Delta T}{h} - 0.561\frac{EI\theta_0}{\ell} \ (\downarrow +)$$

本題 C 點轉角 θ_0 和溫差 ΔT 對 M_s 和 F_s 之貢獻在方向上相反，故尚無法確認其方向，但仍應標示其值為正時的方向！

3-22 傾角變位法例說之六

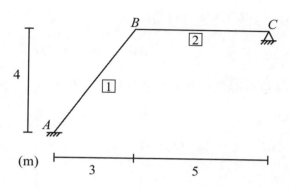

結構系統如圖所示，

$EI, h, \alpha = \text{CONST}$，

$EI = 2 \times 10^4 \text{kN} \cdot \text{m}^2$，

$h = 2\text{cm}$，$\Delta t = 140℃$，

$\Delta T = 70℃$，

$\alpha = 6 \times 10^{-6} \left(\dfrac{1}{℃} \right)$，又已知：

① 溫升 Δt（必須考慮桿件 δ）；

② 頂部溫度較底部高 ΔT，

試繪出 m-dia 及變形曲線

1. 本題 ① 桿因整個構件溫升 Δt 而有伸長量 $5\alpha(\Delta t)$，我們先將此因素納入後再使用投影法如圖一所示，可知為配合 C 處支承須有 C_V 及 C_H 之修正量，故應有 $A, C(\rightarrow)：-4(\phi_i) = -C_H$；$A,$

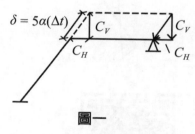

圖一

$C(\uparrow)：3\phi^1 + 5\phi_2 = -C_V$，而 $C_V = 4\alpha(\Delta t)$，$C_H = 3\alpha(\Delta t)$，可推得 ϕ_i 角關係有 $\phi_1 = \dfrac{3}{4}\alpha(\Delta t)$；$\phi_2 = -\dfrac{5}{4}\alpha(\Delta t)$。

2. FEM 分析，此處用上的是肆之型，注意上熱下冷，掛進公式要取負號。

$$\frac{3}{2}M^* \qquad\qquad M^* = EI \cdot \frac{\alpha\Delta T}{h}$$

3. 建立傾角變位法公式（令 $\overline{\theta}_B = \dfrac{EI}{5}\theta_B$；$\overline{\phi}_1 = \dfrac{EI}{5}\phi_1$；$\overline{\phi}_2 = \dfrac{EI}{5}\phi_2$）

$$M_{ab} = \frac{EI}{5}(2\theta_B - 6\phi_1) = 2\overline{\theta}_B - 6\overline{\phi}_1 = 165.6\text{kN} \cdot \text{m} \, (\circlearrowleft)$$

$$M_{ba} = \frac{EI}{5}(4\theta_B - 6\phi_1) = 4\overline{\theta}_B - 6\overline{\phi}_1 = 346.32\text{kN} \cdot \text{m} \, (\circlearrowleft)$$

$$M_{bc} = \frac{EI}{5}(3\theta_B - 3\phi_2) - \frac{3}{2}M^* = 3\overline{\theta}_B - 3\overline{\phi}_2 - \frac{3}{2}M^* = -346.32\text{kN} \cdot \text{m} \, (\circlearrowright)$$

4. 未知數有 $\overline{\theta}_B$，對 B 點剛接點取合力矩等於零之靜平衡方程式有

$$\Sigma M_B = 0 : M_{ba} + M_{bc} = 0$$

$$7\overline{\theta}_B - 6\overline{\phi}_1 - 3\overline{\phi}_2 - \frac{3}{2}M^* = 0 \Rightarrow \overline{\theta}_B = 90.36$$

5. 滿足題目要求如下：

① m-dia

② 變形曲線

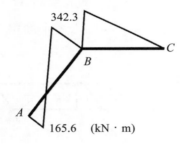

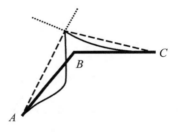

3-23 傾角變位法例說之七

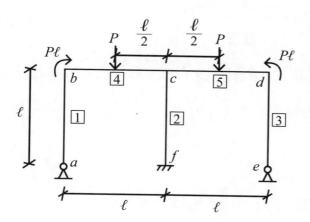

結構系統受左右對稱的負載如圖所示,已知各桿件 EI 為定值,試求固端彎矩。

1. 本題不論負載或線型均以 cf 軸左右對稱,我們可取對稱點 c 進行位移分析如圖一,可知為要使整體變形曲線左右對稱,並考慮 c 點為 T 字型剛接,故應有 $\theta_{CL} = \theta_{CR} = 0$ 及 $\Delta x = 0$,另外因外力造成之應變能不以軸力方式儲存,故 ② 桿不發生軸向變形,可知 $\Delta y = 0$ 亦應成立。

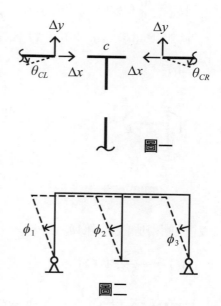

2. 使用投影法可有 $\phi_1 = \phi_2 = \phi_3$ 及 $\phi_4 = \phi_5$ 之關係式,應有一獨立轉角,故應有一般狀況如圖二所示,但因節點變位連線須有對稱性,故 $\phi_1 = \phi_2 = \phi_3 = 0$。

3. 接著 FEM 分析,此處 ④ 及 ⑤ 桿用上的是貳之型,如圖三。

$$\frac{1}{8}P\ell \;\Big\lgroup\quad\Big|\!\!\begin{array}{c}P\\\downarrow\\\hline\\b\qquad\qquad\qquad c\end{array}\!\!\Big|\;\Big\rgroup\,\frac{1}{8}P\ell$$

圖三

4. 標示固端彎矩，彎矩亦應左右對稱，故考慮整體算一半，取 ①、② 及 ④ 桿建立傾角變位法公式（令 $\bar{\theta}_b=\dfrac{EI}{\ell}\theta_b$），另 M_{cf} 及 M_{fc} 因對稱性均為 0

$$M_{ba}=\frac{EI}{\ell}(3\theta_b)=3\bar{\theta}_b$$

$$M_{bc}=\frac{EI}{\ell}(4\theta_b)+\frac{1}{8}P\ell=4\bar{\theta}_b+\frac{1}{8}P\ell$$

$$M_{cb}=\frac{EI}{\ell}(2\theta_b)-\frac{1}{8}P\ell=2\bar{\theta}_b-\frac{1}{8}P\ell$$

5. 檢討未知數有 $\bar{\theta}_b$，引入靜平衡方程式，取 B 點剛接處自由體圖如圖四所示：

$$\Sigma M_b=0 : P\ell+M_{bc}+M_{ba}=0$$

$$\Rightarrow P\ell+7\bar{\theta}_b+\frac{1}{8}P\ell=0$$

$$\Rightarrow \bar{\theta}_b=-\frac{9}{56}P\ell$$

圖四

6. 代回得固端彎矩 $M_{ba}=-\dfrac{27}{56}P\ell(\circlearrowright)$、$M_{bc}=-\dfrac{29}{56}P\ell(\circlearrowright)$、

$$M_{cb}=-\frac{25}{56}P\ell(\circlearrowright)$$

7. 再考慮對稱性，$M_{de}=-M_{ba}=\dfrac{27}{56}P\ell(\circlearrowleft)$、

$$M_{dc}=-M_{bc}=\frac{29}{56}P\ell(\circlearrowleft)、$$

$$M_{de}=-M_{ba}=\frac{27}{56}P\ell(\circlearrowleft)$$ 即為所求。

3-24 桿端旋轉勁度及傳遞係數

1. 首先，考慮某線性結構如圖一所示，因 a 端可自由發生撓角，可知 M_{ab} 與 θ_a 之間必存在關係，寫成數學式為 $M_{ab} = S_{ab} \cdot \theta_a$，此 S_{ab} 被定義為恰使 $\theta_a = 1$ 之 M_{ab}，因此參數之地位類似於虎克定律中 $F_s = k \cdot \delta$ 的彈簧勁度 k，故稱為桿端旋轉勁度。

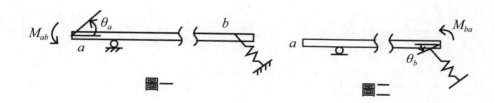

圖一   圖二

2. 同理，參考圖二亦可有 $M_{ba} = S_{ba} \cdot \theta_b$，注意圖示之方向標示為 $\langle x\,y \rangle$ 之正向。一般而言 $S_{ab} \neq S_{ba}$，但兩者均為桿件之特徵值，與楊氏係數 E，旋轉慣量 I，桿長 ℓ 及拘束條件（即支承之位置和型式）有關，與外加負載無關。

3. 接著，考慮在桿件 a 端施一外加力偶矩 M_{ab}，如圖三所示。為了滿足靜平衡方程式，而在另一端須有另一力偶矩 M_{ba} 相應而生，我們稱 M_{ba} 為 M_{ab} 的傳遞彎矩（Carry-over moment: C.O.M.）。

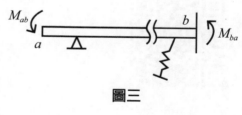

圖三

定義傳遞係數 $C_{ab} = \dfrac{M_{ba}}{M_{ab}}$，此值為無因次，且可能為正（方向相同）、負（方向相反）或零（兩端彎矩各自獨立）。

4. 下表為常見之 S_{ab} 及 C_{ab}，各桿之 ℓ、E、I 均為常數，各種類之 S_{ab} 可利用傾角變位法與靜平衡方程式推導得出。注意外加力偶矩均加在左端。

種類	力學型式	S_{ab}	C_{ab}	推導過程
〈a〉		$\dfrac{4EI}{\ell}$	$+\dfrac{1}{2}$	$M_{ab} = \dfrac{EI}{\ell}(4\theta_a) = \dfrac{4EI}{\ell}\theta_a$ $M_{ba} = \dfrac{EI}{\ell}(2\theta_a) = \dfrac{2EI}{\ell}\theta_a$
〈b〉		$\dfrac{3EI}{\ell}$	0	$M_{ab} = \dfrac{EI}{\ell}(3\theta_a) = \dfrac{3EI}{\ell}\theta_a$
〈c〉		$\dfrac{EI}{\ell}$	-1	$M_{ab} = \dfrac{EI}{\ell}(4\theta_a - 6\phi)$ $-)M_{ab} = \dfrac{EI}{\ell}(2\theta_a - 6\phi) = -M_{ab}$ $\overline{\qquad\qquad\qquad\qquad}$ $2M_{ab} = \dfrac{EI}{\ell}(2\theta_a) \Rightarrow M_{ab} = \dfrac{EI}{\ell}\theta_a$
〈d〉 （對稱）		$\dfrac{2EI}{\ell}$	-1	$M_{ab} = \dfrac{EI}{\ell}(4\theta_a + 2\theta_b)$ $= \dfrac{EI}{\ell}(2\theta_a) = \dfrac{2EI}{\ell}\theta_a$ $M_{ba} = -M_{ab}\ (\theta_b = -\theta_a)$
〈e〉 （反對稱）		$\dfrac{6EI}{\ell}$	1	$M_{ab} = \dfrac{EI}{\ell}(4\theta_a + 2\theta_b)$ $= \dfrac{EI}{\ell}(6\theta_a) = \dfrac{6EI}{\ell}\theta_a$ $M_{ba} = M_{ab}\ (\theta_b = \theta_a)$

3-25 分配係數與分配彎矩

1. 考慮某結構系統中有三根桿件剛接而成的 a 點，上有一 C_0 之外加負載，如圖一所示，試問各桿感應之固端彎矩為何？我們取出 C 點之自由體圖如圖二，再考慮靜平衡方程式應有 $\Sigma M_a = 0$，故 $M_1 + M_2 + M_3 - C_0 = 0$，又因 a 處為剛接，三桿之旋轉角均是 θ_a，故有 $(S_1 + S_2 + S_3)\theta_a =$

C_0，可得 $\theta_a = \dfrac{C_0}{S_1 + S_2 + S_3}$。

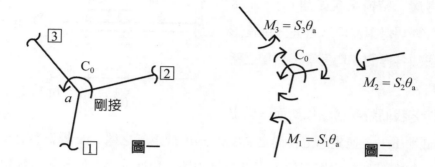

圖一　　　　　　圖二

2. 承上，再代回各桿端彎矩方程式，可推得

$M_1 = \dfrac{S_1}{S_1 + S_2 + S_2} \cdot C_0$ ； $M_2 = \dfrac{S_2}{S_1 + S_2 + S_2} \cdot C_0$ ； $M_3 = \dfrac{S_3}{S_1 + S_2 + S_2} \cdot C_0$ ，

可知 C_0「分配」予各桿固端彎矩時是依其旋轉勁度分配，勁度愈大者被分配愈多，且方向與 C_0 同向。

3. 一般而言，i 號桿之 M_i 可表示為 $M_i = \dfrac{S_i}{\sum S_i} C_0$，其中定義「分配係數」

（distribution factor: d.f.）為 $(d.f.)_i \equiv \dfrac{S_i}{\sum S_i}$，是系統的特徵值。

3-26 彎矩分配法的近似解例說

1. 考慮一結構系統如圖 (a)，試求各桿端彎矩為何？首先，由投影法知各桿的 ϕ 均為零，無獨立轉角。

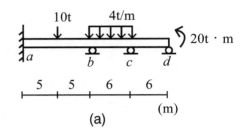

(a)

2. 接著我們將各節點以切面法切出如圖 (b-1)，並先解出各桿之 F.E.M.，*ab* 桿為貳之型、*bc* 桿為參之型，*cd* 桿有一外加彎矩須傳遞一半至另一端，另外 *a* 點左側是固定端可視為與一剛性桿連結。

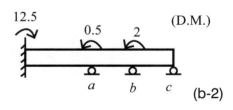

(b-1)

3. 觀察圖 (b-1) 之各節點會發現 $\Sigma \vec{M} \neq 0$，我們「外掛」一「加鎖力偶矩」使其強迫滿足靜平衡方程式，故有括弧內的數值。以 *c* 點為例，左面 +12，右面 –10，故須外掛 –2。

4. 外掛的力偶矩終究是自行添加，故我們對每一節點再施予反向同值的力偶矩進行「解鎖」如圖 (b-2) 所示，注意 (b-1) 與 (b-2) 須看作同一結構在某瞬間的疊加狀態，(b-1) 是靜平衡的部分，而 (b-2) 不是，故現在只要繼續處理 (b-2) 即可。

5. 現欲將解鎖力偶矩依勁度大小分配給各桿，故先求節點處之 S_i 的比值應有

(b點) S_{ab} : S_{bc} = 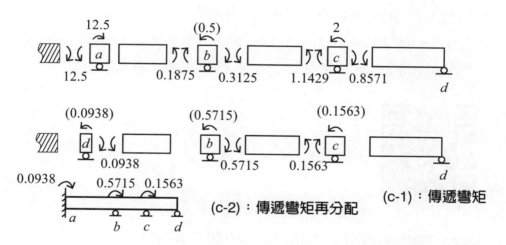 = $\dfrac{4EI}{10}$: $\dfrac{4EI}{6}$ = 3 : 5

(c點) S_{cb} : S_{cd} = = $\dfrac{4EI}{6}$: $\dfrac{3EI}{6}$ = 4 : 3

然後再次使用切面法如圖 (c-1) 所示，將各桿的分配彎矩標上並須傳遞至另一端，發現各節點 $\Sigma\overrightarrow{M} \neq 0$，必須再加鎖、解鎖，問題由 (b-2) 拆解成 (c-1) 和 (c-2) 的狀態，到此為止，原問題 (a) 可看作 (b-1)、(c-1) 與 (c-2) 的疊加，但只有 (c-2) 不滿足靜平衡方程式須繼續處理，看似沒有盡頭，但其實各項數值均有收斂之勢。

(c-2)：傳遞彎矩再分配

(c-1)：傳遞彎矩

6. 我們將經上流程建立表格如下，注意此表之格式必須背起，經過多回合的分配（*D.M.*）、傳遞（*C.O.M.*）、再分配（*D.M.*），最終停止於某一 *D.M.* 列，意即在某一節點力偶矩平衡的時機結束，忽略因傳遞彎矩產生破壞靜平衡的微小量。至此，彎矩分配法暫告一段落。

項目	ab	ba	bc	cb	cd	dc	Remark
d.f.	0/ ∞	3/8	5/8	4/7	3/7	1/1	
F.E.M	12.5	−12.5	12	−12	10	20	(b-1)
D.M.1	$-12.5 \cdot 0$ $= 0$	$(0.5)(\frac{3}{8})$ $= 0.1875$	$(0.5)(\frac{5}{8})$ $= 0.3125$	$2\left(\frac{4}{7}\right)$ $= 1.1429$	$2\left(\frac{3}{7}\right)$ $= 0.8571$		(b-2)
COM.1	0.0938		0.5715	0.1563		0	(c-1)
D.M.2	$-0.0938 \cdot 0$ $= 0$	$-0.5715\left(\frac{3}{8}\right)$ $= -0.2143$	$-0.5715\left(\frac{5}{8}\right)$ $= -0.3572$	$-0.1563\left(\frac{4}{7}\right)$ $= -0.0893$	$-0.1563\left(\frac{3}{7}\right)$ $= -0.067$		(c-2)
$\sum M$	12.5938	−12.5268	12.5268	−10.7901	10.7901	20	

7. 最後，我們將各欄的彎矩由上至下加總即爲所求，譬如 $M_{bc} = 12 + 0.3125 + 0.5715 − 0.3572 = 12.5268$（t·m），正值表示逆時針。此法屬於電腦所用之數值方法，爲一近似解，回合數愈多答案愈精確。

3-27 彎矩分配法的精確解（總和分配法）

1. 續前節相同題目，可發現加鎖、解鎖、分配、傳遞爲一循環，其過程就像是每次有水從節點注入然後流至遠端，那是否可一次性地將「總水量」設爲未知數並一次性地分配和傳遞呢？此方法是可行的。

2. 我們改寫上節的計算表如下，每一節點之「總水量」須自行令爲變數，b 點之總水量爲 $16x$，c 點爲 $7y$；b 點分配予近端 M_{ba} 得 $6x$，並傳遞 $3x$ 予 M_{ab}，又分配 $10x$ 予 M_{bc} 並傳遞至遠端使 M_{cb} 有 $5x$；同理，c 點分配

予近端 M_{cb} 得 $4y$，並傳遞 $2y$ 予 M_{bc}，又分配 $3y$ 給 M_{cd}，並傳遞 0 予 d 點。

項目	ab	ba	bc	cb	cd	dc
d.f.		3/8	5/8	4/7	3/7	
FEM	12.5	−12.5	12	−12	10	20
DM		$6x$	$10x$	$4y$	$3y$	
COM	$3x$		$2y$	$5x$		0
ΣM	$3x+12.5$ $=12.485$ (12.5938)	$6x-12.5$ $=-12.529$	$10x+2y+12$ $=12.529$ (12.5268)	$5x+4y-12$ $=-10.8677$	$3y+10$ $=10.8677$ (10.7901)	20 $=20$

3. 將各桿端彎矩自上而下加總，其中包含未知數 x 或 y，再考慮節點力偶矩平衡，可解得 x 和 y。

$\Sigma M_b = 0$：$16x + 2y - 0.5 = 0$

$\Sigma M_c = 0$：$5x + 7y - 2 = 0$

$\Rightarrow x = -0.0049, \ y = 0.2892$

4. 最後將 x, y 值反代回各桿端彎矩即爲所求，答案列於表之最下方與前節之近似解比較極爲接近。此法稱爲總和分配法，可得到精確解！未來的例題我們都會使用此法求解。

3-28 彎矩分配法例說之一

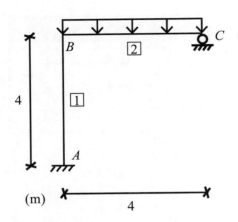

結構系統受均佈負載如圖所示，試求各桿端彎矩。

1. 本題開始說明彎矩分配法的操作。首先，如位法之起手式，先以投影法分析 ϕ_i 角關係有 $\ell\phi_2 = 0$ 可推得 $\phi_2 = 0$，取 ϕ_1 為獨立轉角。

2. FEM 分析：① 桿為陸之型，② 桿為修正參之型。

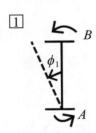

$$M_{AB} = M_{BA} = \frac{EI}{4}(-6\phi_1) = -\frac{3EI}{2}\phi_1 = -\overline{\phi}_1$$

② 3kN/m

$$\frac{w\ell^2}{8} = 6$$

3. B 節點之分配係數比為 $S_{BA} : S_{BC} = \frac{4EI}{\ell} : \frac{3EI}{\ell} = 4 : 3$

4. 以彎矩分配法列表如下：

項目	AB	BA	BC	CB
d.f.		4	3	
FEM	$-\overline{\phi}$	$-\overline{\phi}$	6	
DM		4x	3x	
COM	2x			
ΣM	$2x-\overline{\phi}$	$4x-\overline{\phi}$	$6+3x$	
ANS.	1.5	−1.5	1.5	0

5. 可發現此題有$\overline{\phi}$及x兩個未知數，由以下靜平衡方程式聯立求解

$\Sigma M_B = 0 : 7x - \overline{\phi} + 6 = 0$——(a)

①桿$\Sigma F = 0 : M_{ab} + M_{ba} = V_{ab} \cdot \ell = 0$——(b)

聯立解得$x = -1.5$，$\overline{\phi} = -4.5$，反代回表中ΣM即出各桿端彎矩之大小

及方向，注意方向均遵守各桿$\langle xy \rangle$之第一象限。

3-29 彎矩分配法例說之二

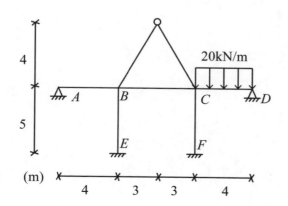

結構系統受均佈負載如圖所示，求各桿端彎矩。

1. 首先以投影分析出此系統無獨立轉角，各桿 ϕ 均恆零。

2. FEM 分析如下：

CD 桿：

$$20\text{kN/m}$$

$$40\text{kN} \cdot \text{m}$$

3. 節點處勁度比分析，本題之 B 及 C 點均由四根桿件剛接而成，參考各桿端點拘束條件及尺寸等可分析如下

〈B 點〉 $S_{BA} : S_{BE} : S_{BC} : S_{BG} = \dfrac{3EI}{4} : \dfrac{4EI}{5} : \dfrac{4EI}{6} : \dfrac{3EI}{5} = 45 : 48 : 40 : 36$

〈C 點〉 $S_{CB} : S_{CF} : S_{CD} : S_{CG} = \dfrac{4EI}{6} : \dfrac{4EI}{5} : \dfrac{3EI}{4} : \dfrac{3EI}{5} = 40 : 48 : 45 : 36$

4. 以彎矩分配法列表如下：

項目	BA	BE	BC	BG	CB	CF	CD	CG	EB	FC
d.f.	45	48	40	36	40	48	45	36		
FEM							40			
DM	45x	48x	40x	36x	40y	48y	45y	36y		
COM			20y		20x				24x	24y
∑M	1.278	1.364	−3.665	1.023	−9.034	−11.522	29.198	−8.642	0.682	−5.761

5. 利用靜平衡方程式求解 x, y，並反代回上表即為所求。

$\sum M_B = 0 : 169x + 20y = 0$

$\sum M_C = 0 : 20x + 169y + 40 = 0$

$\Rightarrow x = 0.0284 \text{，} y = -0.240$

3-30 彎矩分配法例說之三

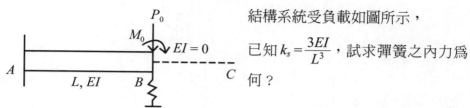

結構系統受負載如圖所示，已知 $k_s = \dfrac{3EI}{L^3}$，試求彈簧之內力為何？

1. 本題為了使用彎矩分配法，可假想存在一個 $EI = 0$ 的 BC 桿稱虛擬桿，如此 B 點便成為一想像的剛接點。

2. 因 B 點為自由端可上下側移，可觀察到有一獨立轉角 ϕ_{AB}。

3. FEM 分析

$$M_{AB} = M_{BA} = -\frac{6EI}{L}\phi = -\overline{\phi}$$

4. 節點 B 處為 $S_{BA} : S_{BC} = 1 : 0$，虛擬桿不能被分配彎矩。

5. 以彎矩分配法列表如下，可知 $M_{AB} = x - \overline{\phi}$；$M_{BA} = -\overline{\phi} + 2x$

	AB	BA	BC
d.f.		1	0
FEM	$-\overline{\phi}$	$-\overline{\phi}$	
DM		$2x$	
COM	x		
$\sum M$	$x - \overline{\phi}$	$-\overline{\phi} + 2x$	0

6. 未知數有 $\overline{\phi}$ 及 x，建立靜平衡方程式，注意 ϕ 取正時 B 點撓度向上，此時彈簧內力作為回復力要向下。

$$f_s = k_s \cdot L \cdot \phi = \frac{\overline{\phi}}{2L}$$

$$\Sigma M_B = 0 : 2x - \overline{\phi} + M_0 = 0$$

$$\Sigma F = 0 : P_0 + \frac{\overline{\phi}}{2L} = V_{BA} = \frac{M_{AB} + M_{BA}}{L} \Rightarrow \frac{3x - \overline{\phi}}{L} = P_0 + \frac{\overline{\phi}}{2L}$$

7. 聯立上二式解得 $\overline{\phi} = -\frac{2P_0L + 3M_0}{2} \Rightarrow f_s = -\frac{2P_0L + 3M_0}{4L}$ （↑）

3-31 彎矩分配法例說之四

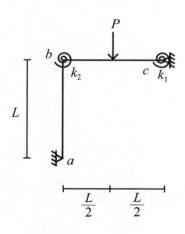

結構系統受集中負載如圖所示，
已知 $k_1 = \dfrac{6EI}{L}$、$k_2 = \dfrac{4EI}{L}$，
其中 EI 爲定值，求各桿端彎矩。

1. 本題出現之旋轉彈簧，可將之視為一根 S 與 k_s 相同的桿件，從圖一可知 C_{ab} 應為 -1，故重繪下圖二並自定義各節點英文編碼，其中 1 號彈簧為 cf 桿，2 號彈簧為 de 桿。

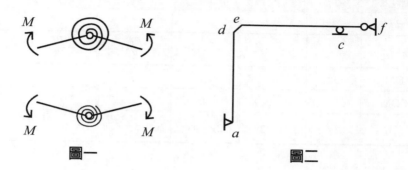

圖一　　　　　　　　　　圖二

2. 投影法分析 ϕ 角關係可知無獨立轉角。

3. FEM 分析如下：

$$\frac{PL}{8} \qquad \frac{PL}{8}$$

4. 節點處之 S_i 分析，注意 S_{de} 即 k_2、S_{CF} 即 k_1

〈d 點〉$S_{da} : S_{de} = \dfrac{3EI}{L} : \dfrac{4EI}{L} = 3 : 4$

〈e 點〉$S_{ed} : S_{ec} = \dfrac{4EI}{L} : \dfrac{4EI}{L} = 1 : 1$

〈c 點〉$S_{ce} : S_{cf} = \dfrac{4EI}{L} : \dfrac{6EI}{L} = 2 : 3$

5. 以彎矩分配法列表如下，其中 M_{ed} 傳遞給 M_{de} 即應用彈簧之 $C_{ed} = -1$，反之亦然。

項目	da	de	ed	ec	ce	cf
d.f.	3	4	1	1	2	3
FEM				$\dfrac{PL}{8}$	$-\dfrac{PL}{8}$	
DM	$3x$	$4x$	$2y$	$2y$	$2z$	$3z$
COM		$-2y$	$-4x$	z	y	
$\sum M$	$3x$	$4x - 2y$	$2y - 4x$	$2y + z + \dfrac{PL}{8}$	$y + 2z - \dfrac{PL}{8}$	$3z$

6. 檢討未知數有 x、y 及 z，建立靜平衡方程式如下：

$$\sum M_d = 0：7x - 2y = 0$$

$$\sum M_e = 0：-4x + 4y + z = -\frac{PL}{8}$$

$$\sum M_c = 0：y + 5z = \frac{PL}{8}$$

7. 聯立上三式解得 $x = 0.0069PL$、$y = 0.0243PL$、$z = 0.0201PL$，

代回上表 $M_{ba} = M_{da} = 3x = 0.0207PL$、$M_{bc} = M_{ec} = 2y + z + \dfrac{PL}{8} = 0.1937PL$

$M_{cb} = M_{ce} = 2z + y - \dfrac{PL}{8} = -0.0605PL$ 　　即為所求，此處記得要以原圖之結構系統答之。

3-32 彎矩分配法例說之五

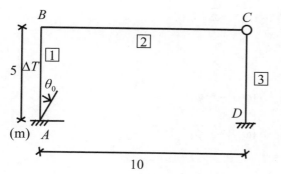

結構系統如左圖所示，BC 為剛桿（$EI \to \infty$）、支承 A 端有轉角 θ_0、D 端有下陷 Δ_0、$\boxed{1}$ 桿左側比右側溫度高 ΔT，其餘參數均為定值，求各桿端彎矩。

1. 首先，投影法分析 ϕ_i 角關係可知有一個獨立轉角如下：

   $A, D\ (\to)：-5\phi_1 + 5\phi_3 = 0$

   $A, D\ (\uparrow)：10\phi_2 = -\Delta_0$

   $\Rightarrow \phi_1 = \phi_3，\ \phi_2 = -\dfrac{\Delta_0}{10} = \theta_B$（與剛體剛接的桿件，其 $\theta_{桿} = \phi_{剛體}$）

2. FEM 分析（令 $\overline{\phi}_1 = \dfrac{6EI}{5}\phi_1$，$\overline{\Delta}_0 = \dfrac{EI}{25}\Delta_0$，$\overline{\theta}_0 = -\dfrac{2EI}{5}\theta_0$）

$$M_{BA}^* = \frac{EI\alpha\Delta T}{h}$$

$$M_{AB}^* = -\frac{EI\alpha\Delta T}{h}$$

$$F_{AB\,①} = \frac{EI}{5}[4\,(-\theta_0)] = 2\overline{\theta}_0$$

$$F_{BA\,①} = \frac{EI}{5}[2\,(-\theta_0)] = \overline{\theta}_0$$

$$F_{AB\,\textcircled{2}} = \frac{EI}{5}[4(\theta_B)] = -2\overline{\Delta}_0$$

$$F_{BA\,\textcircled{2}} = \frac{EI}{5}[4(\theta_B)] = -\overline{\Delta}_0$$

$$F_{AB\,\textcircled{3}} = \frac{EI}{5}[-6(\phi_1)] = -\overline{\phi}_1$$

$$F_{BA\,\textcircled{3}} = \frac{EI}{5}[-6(\phi_1)] = -\overline{\phi}_1$$

$$F_{DC} = \frac{EI}{5}[-3(\phi_3)] = -\frac{1}{2}\overline{\phi}_1$$

3. B 點處勁度 S 分析有 $S_{BA} : S_{BC} = 0 : 1$，因為 ② 桿為剛桿，勁度視為無限大。

4. 以彎矩分配法列表如下，因 c 點為鉸接，M_{CB} 及 M_{CD} 為零，可免參與計算

項目	AB	BA	BC	DC
d.f.		0	1	
FEM	F_{ab}	F_{ba}	0	$-\frac{1}{2}\overline{\phi}_1$
DM		0	x	
COM	$\frac{0}{2}=0$			
$\sum M$	F_{ab}	F_{ba}	x	$-\frac{1}{2}\overline{\phi}_1$

其中 $F_{ab} = M^*_{AB} + F_{AB\,①} + F_{AB\,②} + F_{AB\,③} = -\dfrac{EI\alpha\Delta T}{h} - \overline{\phi}_1 + 2\overline{\theta}_0 - \overline{\Delta}_0$ ；

$$F_{ba} = M^*_{BA} + F_{BA\,①} + F_{BA\,②} + F_{BA\,③} = \dfrac{EI\alpha\Delta T}{h} - \overline{\phi}_1 + \overline{\theta}_0 - 2\overline{\Delta}_0$$

5. 未知數 $\overline{\phi}_1$ 有及 x 由 $\Sigma M_B = 0$ 及 $\boxed{1}$ 桿 $\Sigma F = 0$ 解之如下：

$$F_{ba} + x = 0$$

$$V_{AB} + V_{DC} = 0 \Rightarrow \frac{M_{AB} + M_{BA}}{5} + \frac{M_{DC}}{5} = 0 \Rightarrow F_{ab} + F_{ba} - \frac{1}{2}\overline{\phi}_1 = 0$$

上二式可分別解得 $x = \overline{\phi}_1 - \overline{\theta}_0 + 2\overline{\Delta}_0 - \dfrac{EI\alpha\Delta T}{h}$ ，$\overline{\phi}_1 = \dfrac{6}{5}\overline{\theta}_0 - \dfrac{6}{5}\overline{\Delta}_0$

6. 代回得固端彎矩有 $M_{AB} = -\dfrac{8EI}{25}\theta_0 + \dfrac{2EI}{250}\Delta_0 - \dfrac{EI\alpha\Delta T}{h}$ 、

$M_{BA} = \dfrac{2EI}{25}\theta_0 - \dfrac{8EI}{250}\Delta_0 + \dfrac{EI\alpha\Delta T}{h}$ 、 $M_{BC} = -M_{BA}$ 、 $M_{CD} = 0$ 、

$M_{DC} = \dfrac{6EI}{25}\theta_0 + \dfrac{6EI}{250}\Delta_0$

3-33 彎矩分配法例說之六

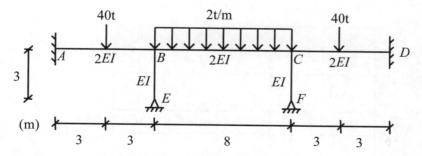

結構系統受有負載如圖所示，求各桿端彎矩。

1. 本題結構系統不論是幾何線形、支承型態、材料性質和外加負載都是左右對稱，故可以對稱性簡化問題，但在彎矩分配法中，只要知道整體 M-dia 為左右對稱而 C_{BC} 及 C_{CB} 均為零即可，亦即 M_{BC} 不會傳一半給 M_{CB}，反之亦然。

2. 首先，投影法分析 ϕ_i 角關係，此系統無獨立轉角。

3. FEM 分析，注意 BC 桿要全桿取出分析：

①
40t

$\begin{array}{c} 30 \\ t \cdot m \end{array}$ A B $\begin{array}{c} 30 \\ t \cdot m \end{array}$

②
2t/m

B C $\frac{32}{3} t \cdot m$

$\frac{32}{3} t \cdot m$

4. b 點勁度分析有 $S_{BA}:S_{BE}:S_{BC} = \dfrac{4(2EI)}{6}:\dfrac{3EI}{3}:\dfrac{2(2EI)}{8} = 8:6:3$

注意 BC 桿具有對稱性，一般公式為 $S = \dfrac{2(EI)}{L}$，本題 $L = 8m$，抗撓剛度為 $2EI$。

5. 考慮對稱性，看整體算一半，以彎矩分配法列表如下：

項目	AB	BA	BE	BC
d.f.		8	6	3
FEM	30	−30	0	$\frac{32}{3}$
DM		8x	6x	3x
COM	4x			
$\sum M$	30 + 4x	−30 + 8x	6x	$\frac{32}{3} + 3x$

6. 未知數 x，建立靜平衡方程式解之有

$$\Sigma M_B = 0：17x - \frac{58}{3} = 0 \quad \Rightarrow x = 1.137$$

7. 代回得固端彎矩並考慮對稱性，有 $M_{AB} = 34.55(\text{t} \cdot \text{m})$、$M_{BA} = -20.90$
   $(\text{t} \cdot \text{m})$、$M_{BE} = 6.82(\text{t} \cdot \text{m})$、$M_{BC} = 14.08(\text{t} \cdot \text{m})$、$M_{CB} = -14.08(\text{t} \cdot \text{m})$、
   $M_{CF} = -6.82(\text{t} \cdot \text{m})$、$M_{CD} = 20.90(\text{t} \cdot \text{m})$、$M_{DC} = -34.55(\text{t} \cdot \text{m})$

Note

第4章
鋼筋混凝土學

4-1　單向版的配筋構想與規範

1. 考慮一平面圖如圖一，有
   A ～ D 四塊版，若版構造
   長向長度（L）為短向長度
   （ℓ）2 倍以上者則稱「單向
   版」，反之稱「雙向版」，
   是以，A, B 及 C 為單向版，
   D 為雙向版，本節討論單向
   版。

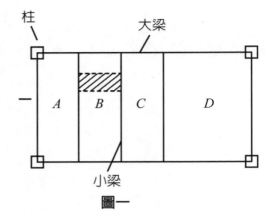

圖一

2. 現擬為版 B 配筋，在長向取 100cm 寬，當作矩形
   梁來分析，如圖一版 B 上之虛線區域，剖面圖如
   圖二所示，注意短向鋼筋置於外側。

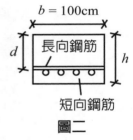

圖二

3. 先決定版厚 h，兩端連續者如 B 及 C 左右都是

   版結構，取 $\frac{L}{28}$，一端連續如 A 僅有右側是版，

   取 $\frac{L}{24}$，這是因為應力集中於大梁，剪力裂縫較易發生，故應有較大

   的厚度值。另外，若配筋使用 $f_y = 2800\text{kgf/cm}^2$ 時，因低拉鋼筋韌性較

   佳，可允許厚度 h 再折減為 80%。

4. 接著是短向筋的設計，保護層 i 應大於等於 2cm，又因通常使用 4 號鋼

   筋，故有效深度 d 多取 h – 2.5cm，鋼筋最大間距 S_{max} 為 3h 或 45cm 取

   小值，最小淨間距為 2.5cm，原理均與梁相同，不再贅述。

5. 至於長向筋考慮溫度筋即可，這是因為單向版幾乎不可能在長向發

   生撓曲破壞。令最小鋼筋量 $A_{s,\,min} = b \cdot h \cdot \rho$，若採用低拉鋼筋，$\rho$ 取

   0.002，若為高拉鋼筋則是 0.0018，可見就版之設計，使用低拉鋼筋，

   不論混凝土或鋼筋都較節省。

6. 最後，長向筋的最大鋼筋間距是 $5h$ 或 45cm 取小值。

4-2 單向版用的剪力與彎矩係數

1. 考慮一單向版符合以下限制時，其應提供之計算剪力強度 V_u 及計算彎矩強度 M_u 可不必以結構分析推求。

   ① 兩跨以上

   ② 相鄰兩跨之長跨 L 與短跨 ℓ 之比值 $\dfrac{L}{\ell} \le 1.2$

   ③ 受均佈載重

   ④ $\dfrac{\omega_L}{\omega_D} \le 3$

   ⑤ 均勻斷面（h 為定值）

2. 首先，$V_u = c'\omega_u\ell_n$，ℓ_n 為淨跨距，即去除梁、柱尺寸後懸空的長度，c' 稱剪力係數，依圖一令為已知數，此為一種經驗參數。

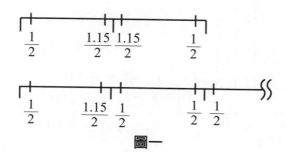

圖一

3. 其次，$M_u = c' \omega_n \ell_n^2$，$c'$ 稱彎矩係數，依圖二令爲已知數，注意彎矩有正有負，是以斷面也有可能以雙鋼筋配筋。

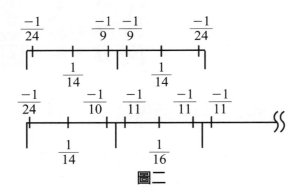

圖二

4-3 單向版設計例說

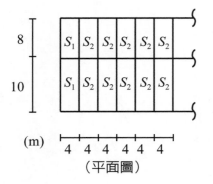

（平面圖）

如左圖爲一樓層平面圖，已知

$\omega_L = 500 \text{kg/m}^2$

$f_{c'} = 210 \text{kgf/cm}^2$

$f_y = 2800 \text{kgf/cm}^2$

$\gamma_{CONC} = 2400 \text{kg/m}^3$

各支承寬均爲 30cm，求版之上、下層配筋（使用 3 號鋼筋）。

1. 本題由多個版組成一層樓版，先檢查是否爲單向版？計算長寬比分別

   爲 $\frac{8}{4}=2$ 及 $\frac{10}{4}=2.5$ 均大於 2，故各版均爲單向版。

2. 以下進入單向版的設計程序。首先，決定版厚 h，因 S_1 爲一端連續，

   又因採低拉筋，故依其計算有 $h=\frac{\ell}{24}(0.8)=13.33\text{cm}$，擬使用 13.5cm。

3. 現於長向取 100cm 寬，當作矩形梁
   來分析，斷面如圖一所示，彎矩方
   面，由 $M_u=c'\omega_n\ell_n^2$，其中 c' 取最大

   之絕對值爲 $\frac{1}{10}$，$\omega_n=1.2\omega_D+1.6\omega_L$

   = 1189kg/m²，而 ℓ_n 則爲短向長度扣

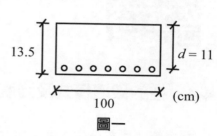

圖一

   除兩端支承寬各一半爲 4 – (0.15)×2 = 3.7m，故可得 M_u = 1.628t-m/m，

   接著當作矩形梁分析，設 ε_s = 0.005，其中立軸位置 c = 4.13cm，混凝

   土壓合力 c_c = 62.59t，對拉力作用點取合力矩得 ϕM_n = 5.2t-m，大於 M_u

   值故此厚度可行。接著是剪力方面，$V_u=c'\omega_n\ell_n$，c' 值取 $\frac{1.15}{2}$，故 V_u =

   2.53t-m，而 ϕV_c = 6.36t/m 超過 V_u 之 2 倍，可知此斷面靠純混凝土提供

   抗剪便足矣，厚度可行。

4. 接著依照抗彎的模式配雙鋼筋，上層筋之 M_u = 1.628t-m/m，但依照 c_c

   = 62.59t 配筋卻是 ϕM_n 的 5.2t-m，故可直接依比例折減，依 $\Sigma F=0$ 有

   $1.628 \cdot \left(\frac{62.59}{5.2}\right)=A_s(2.8)$ 推得 A_s = 7cm²，故間距 $S=\frac{0.78}{7}\times100$ = 11.1cm，

   保守取 10cm；同理，下層筋之 M_u 之 c' 應取 $\frac{1}{14}$，故 M_u = 1.16t-m/m，

   亦可直接按比例推出 A_s = 4.99cm²，間距 S = 14.3cm，取 10cm。

5. 至於長向則考慮溫度筋，因爲使用低拉筋，故 ρ = 0.002，是以 A_s =

   100(13.5)(0.002) = 2.7cm，間距 S = 26.4cm，取 25cm。

6. 最後檢查鋼筋間距是否符合規範，短向筋應小於 $3h$ 爲 40.5cm，長向

筋則是 45cm，均符合，作出本題結論爲短向筋配 #3@10，上下層均相同，長向筋配 #3@45，版厚 13.5cm。

4-4 柱的破壞模式及強度分析

1. 在規範中柱有分成 2 種：短柱及細長柱，本節僅討論前者。短柱被定義爲桿件之高度與最小邊尺寸大於 3 者，且主要用以承受壓力。

2. 柱看似主要承受壓力理應受壓破壞，其實不然，它以受撓破壞爲最常見，這是因爲柱子的承壓等效單一力往往有不可忽略的偏心距 e，如圖一所示，是以，柱其實可看作一種「受軸力作用的梁」，換言之，梁的強度分析在此都可沿用，如應力及應變圖和靜平衡方程式。

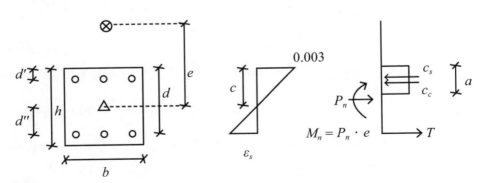

圖一

⊗ 等效力作用點　　$\Sigma F_x = 0 : P_n = C_s + C_c - T$

△ 塑性中心　　　$\Sigma M = 0 : M_n = P_n \cdot e = C_s(d - d') + C_c\left(d - \frac{1}{2}a\right) - P_n \cdot d''$

3. 與梁相比，柱多了一個未知數 e，先令 e 為已知數則可解出 P_n 與 M_n 關係圖，如圖二所示，當 $e = 0$ 時，全斷面受壓，此後隨著 e 之增加，至 B 點起出現拉力區，至 C 點拉力筋降伏，ϕ 值開始由 0.65 增加，此時之 e 稱平衡偏心距，寫作 e_b，至 D 點時 $\varepsilon_s = \varepsilon_t = 0.005$，$\phi$ 值增加至 0.9 上為過渡斷面終點，此後屬拉力控制斷面如 E 點，故若再考慮 ϕ 值之折減，其關係圖如圖三所示實線。

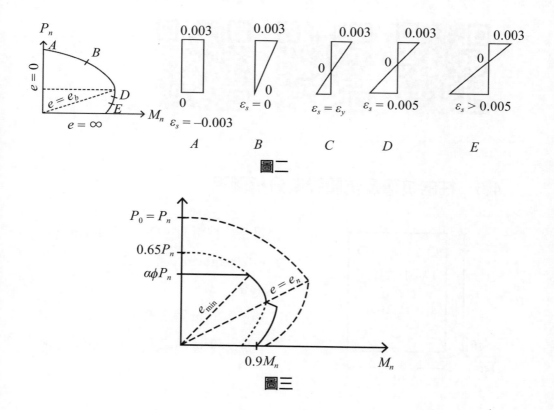

圖二

圖三

4. 圖三中可看出欲追求較強的抗彎能力，必須犧牲抗壓能力，反之亦然，但抗壓能力有其極限值被定義為 $\alpha\phi P_0$，其中 ϕ 因抗壓構材為 0.65，α 逕取 0.8，此為保守考量，因 e 值在使用期間因活載重分佈改變具有

不確定性，故 $\alpha\phi P_0$ 所對應之最大 M_n 值係規範認為柱應提供的最小抗彎強度，此時的 e 稱為最小偏心距。

5. 至於 P_0 通常只要斷面配置完成便可算出，我們假設鋼筋抗壓達到降伏、混凝土抗壓亦發揮至極限，故 $P_0 = 0.8f_c'(A_g - A_{st}) + f_y A_{st}$，$A_g$ 為全斷面面積，A_{st} 為鋼筋量，注意鋼筋所占斷面積不能以混凝土重複計算，應予扣除。

4-5 柱的抗彎及抗壓強度分析例說

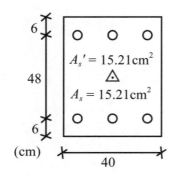

左圖為一柱斷面，$f_c' = 210\text{kgf/cm}^2$、

$f_y = 4200\text{kgf/cm}^2$

求 (a)P_b、M_b

(b)$e = 20\text{cm}$ 時之 P_n、M_n、ϕP_n、ϕM_n

(c)$e = 50\text{cm}$ 時之 P_n、M_n、ϕP_n、ϕM_n

1. 凡柱斷面的強度分析，必然是抗彎及抗壓一併討論，當作雙鋼筋矩形梁分析即可。首先，P_b 及 M_b 為對應平衡偏心距 e_b 的計算強度，此時拉力筋恰好降伏有 $\varepsilon_s = \varepsilon_y = 0.0021$ 的條件，故可解得 $e_b = 31.78\text{cm}$，$P_b = 194.46\text{t}$ 及 $M_b = 61.8\text{t} \cdot \text{m}$，注意本題壓力筋已降伏。

2. 第二子題之 $e = 20\text{cm}$ 小於 e_b，e_b 時壓力筋降伏，可推得整體斷面在 P_n-M_n 圖上往壓力控制方向移動，故壓力筋必然降伏有 $f_s' = f_y$ 之條件。另一方面拉力筋卻必然未降伏，故有 $f_s = \dfrac{6120}{c}(d - c)$ 之假設，可解得 $P_n = 270.5\text{t}$、$M_n = 54.10\text{t} \cdot \text{m}$，因屬壓力控制，$\phi$ 取 0.65，故 $\phi P_n = 175.8\text{t}$、$\phi M_n = 35.2\text{t} \cdot \text{m}$。

3. 第三子題則往拉力控制方向移動，e_b 時拉力筋降伏，$e = 50\text{cm}$ 大於 e_b 更是如此，故有 $f_s = f_y$ 之成立，至於壓力筋是否降伏就只能猜了，本題壓力筋未降伏有 $f_s' = \dfrac{6120}{c}(c - 6)$，可解得 $P_n = 109.59\text{t}$，$M_n = 54.8\text{t} \cdot \text{m}$ 檢查 $\varepsilon_t = 0.0057$、ϕ 取 0.9，故 $\phi P_n = 98.63\text{t}$、$\phi M_n = 49.32\text{t} \cdot \text{m}$。

4. 在柱的強度分析中，有 2 個規範必須檢查，首先是 $e_{\min}$，即斷面之 ϕP_n 應小於理論之 $\alpha\phi P_0$，本題 $\alpha\phi P_0 = 0.8(0.65)[(30.42)(4200 - 210) + 0.85(40)(60)(210)] = 285\text{t}$，第二子題之 $\phi P_n = 175.8\text{t}$，小於 $\alpha\phi P_0$，符合規範；其次是最小鋼筋量及最大鋼筋量，此點透過計算主筋鋼筋比 ρ_g 是否在 0.01 至 0.08 之間來實現，ρ_g 定義為柱筋占全斷面面積的百分比，本題 $\rho_g = \dfrac{(15.21)(2)}{40(60)} = 0.0127$ 符合規範。

4-6　柱的鋼筋排置規範

1. 前節末我們介紹了柱的主筋鋼筋比 $\rho_g = \dfrac{A_{st}}{A_g}$ 應在 0.01 至 0.08 之間，當 ρ_g 小於 0.01 時，主筋排置過於松散，撓曲所生的拉應力將由混凝土負

荷過大比例，畢竟柱與梁不同，偏心載重之偏心可能
爲二向度，此時拉應力區域有可能爲角隅如圖一之陰
影處，僅有一支鋼筋抗拉風險過高；反之，當 ρ_g 大於
0.08 時，鋼筋將過於擁擠，握裹力可能不足。

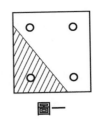

圖一

2. 柱主筋之最小淨間距爲 1.5 倍主筋直徑或
   4 公分取小值，較梁之規範嚴格，這是因
   爲柱的深度遠大於梁，灌漿時振動棒不易
   深入完成搗實，故間距較大期粒料較易流
   動減少蜂窩現象。

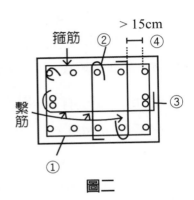

圖二

3. 除主筋外，柱尚有箍筋及繫筋如圖二所
   示，此兩種鋼筋均屬側向鋼筋，除可當作
   剪力筋所用外，更可使主筋在灌漿時不因
   施工產生的振動而偏離位置，爲達成此目的，有以下 4 個規範，其中
   束筋意指主筋由兩支以上的鋼筋組合而成者。

   ① 柱四角主筋應以箍筋固紮

   ② 其餘每隔一根仍應有繫筋作側向支撐

   ③ 束筋應有側向支撐

   ④ 主筋與相鄰主筋淨間距 > 15cm 者需有側向支撐

4. 其次，爲使梁柱接頭有足夠的勁度，又有以下 2
   個規範，如圖三之立面圖

   ① 箍筋距基腳面或柱版面之間距 $\leq \dfrac{S_{max}}{2}$

   ② 箍筋距梁底筋之間距 $\leq \dfrac{S_{max}}{2}$

   其中 S_{max} 爲箍筋之最大間距，由 16 倍主筋直徑、
   48 倍箍筋直徑或斷面較小寬度取小值，可寫爲

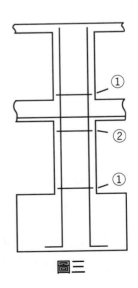

圖三

$S_{max} = \text{MIN}[16d_b \cdot 48d_s \cdot b_{min}]$

最後，箍筋可使柱心混凝土「加框」產生圍束力，使其抗壓強度增加，連帶提升整根柱子的韌性。

4-7　柱筋設計例說

一短柱 P_u = 67t，M_u = 45t-m，f'_c = 210kg/cm^2，f_y = 4200kg/cm^2
斷面採 50×50cm，試設計主筋、箍筋及繫筋。

1. 在短柱的設計上，多以查表決定 ρ_g，本節的表使用左右對稱，$\gamma = 0.70$ 的 K_n-R_n 圖，此圖可在網上查得。

2. 首先，依題示已知條件求 $K_n = \dfrac{P_u}{\phi f'_c A_g} = \dfrac{0.127}{\phi}$、$R_n = \dfrac{M_u}{\phi f'_c A_g h} = \dfrac{0.171}{\phi}$，又 $M_u = P_u \cdot e$ 可推得 e 為 0.67m，由 $\dfrac{e}{h} = 1.34$ 得知應落於圖中的拉力控制斷面區，猜 $\phi = 0.9$ 時 $(K_n, R_n) = (0.14, 0.19)$ 落於 $\varepsilon_t = 0.005$ 以上，猜測無誤，再查表得 $\rho_g = 0.027$，介於 0.01 至 0.08 之間，符合規範。

3. 計算主筋鋼筋量 $A_{st} = (50)^2 \cdot \rho_g = 67.5\text{cm}^2$，擬選用 #8 鋼筋 14 支，故實際提供鋼筋量為 68.6cm^2，參考 K_n-R_n 圖應力為雙鋼筋斷面各 7 支如圖一所示。

4. 箍筋依習慣採用 #4，間距依規範應是 $16d_b$、$48d_s$ 及 b_{min} 取小值，可得 S_{max} 為 40cm。

5. 繫筋依習慣採用 #4，但通常與箍筋相同號數以減少。由圖一依規範每隔一根主筋應有一支繫筋作側向支撐，故本斷面需有 2 支。

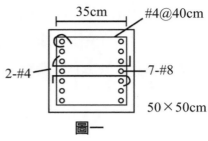

圖一

6. 最後檢查主筋淨間距，全寬 50cm 扣除兩面保護層面取 4cm，再扣除 7 支主筋後除以 6 個間隔得 4.08cm，大於規範的 4cm，尚符合規範。

4-8　房屋構架的活載重分佈

1. 一般而言，活載重在使用期間分佈具有極高的不確定性，這使得結構分析最大剪力和彎矩時發生困難。在房屋構架上，規範規定梁柱接頭應為固定端，並考慮以下活載重分佈組合，併入靜載重設計之。注意，活載重佈滿不代表會存在內力極值。

① 相鄰兩跨度

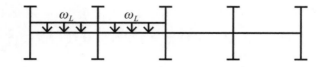

② 每隔一跨度

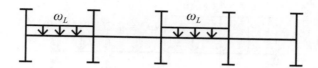

2. 以下試舉一例：一連續梁，$\omega_D = 1.5\text{t/m}$，$\omega_L = 1.8\text{t/m}$，$L = 5m$，求最大負彎矩、最大正彎矩及最大剪力為何？我們分 2 種組合分析如下，有關內力圖之繪製屬結構分析，不予贅述：

① 相鄰兩跨度

$$\omega_n = 1.2(1.5) + 1.6(1.8) = 4.68\text{t/m}$$

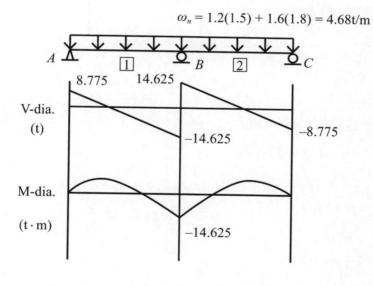

② 每隔一跨度

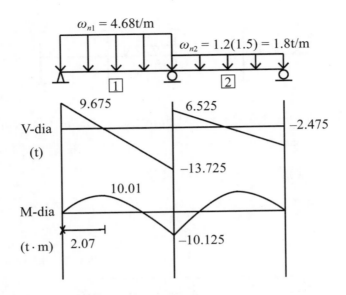

$\omega_{n1} = 4.68t/m$

$\omega_{n2} = 1.2(1.5) = 1.8t/m$

3. 結論應有以下：

$M_{u,\,max}^{-}$：case I 之 B 點 $-14.625t \cdot m$

$M_{u,\,max}^{+}$：case II 之 A 點右側

2.07m 處有 $10.01t \cdot m$

$V_{BL,\,max}$：14.625t

$V_{A,\,max}$：9.675t

$V_{C,\,max}$：8.775t

以上即此梁之基本設計參數之一，其中有關 $M_{u,\,max}^{-}$ 和 $M_{u,\,max}^{+}$ 之設計，可將兩彎矩圖重疊如圖一所示，可發現應存在三個區域，其一、上層筋受拉、下層筋受壓的負彎矩區，其二，上層筋受壓、下層筋受拉的正彎矩區，其三，拉壓轉換過渡區，其配筋基本理念為圖二，如此不但最大正、負彎矩均有鋼筋抵抗，且轉換過渡區亦有少量鋼筋減少應

力集中現象，又有適當的鋼筋延展長度確保有足夠握裏力使鋼筋應力能發揮，是以，a、b、c及d點位置應特別設計。

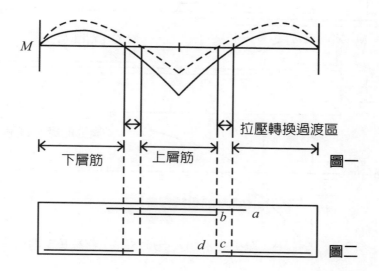

圖一

圖二

4-9 梁拉力筋的延伸範圍規範

1. 如圖一所示為連續梁之半跨長度並與柱連結，因該梁尚須經柱之另一側向左延伸，故結構分析彎矩圖接近支承處為負彎矩，需配 M 及 L 鋼筋，而接近跨中央處則為正彎矩，須配 N 及 O 鋼筋。注意，此彎矩圖為前節分作兩種載重組合分析疊合而成。以下分作 M、L、N 及 O 鋼筋分別討論其末端位置及延展長度。

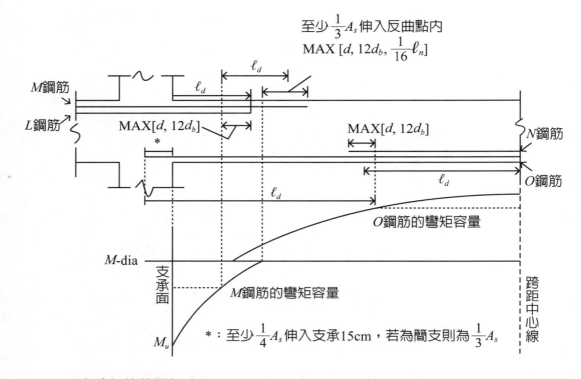

至少 $\frac{1}{3}A_s$ 伸入反曲點內

MAX [d, $12d_b$, $\frac{1}{16}\ell_n$]

*：至少 $\frac{1}{4}A_s$ 伸入支承15cm，若為簡支則為 $\frac{1}{3}A_s$

2. 定義鋼筋的彎矩容量為該鋼筋達到降伏時所能替該斷面發揮的設計彎矩強度。故 M 鋼筋的彎矩容量所對應之斷面，其鋼筋應有足夠的延展長度 ℓ_d 使能降伏。另外，鋼筋應佈滿拉壓轉換區以減少應力集中現象，並使 $\frac{1}{3}A_s$ 延伸入正彎矩區，其長度為有效深度 d、主筋直徑 d_b 的 12 倍或淨跨長 ℓ_n 的 $\frac{1}{16}$ 取大值，上述二條件應同時滿足。

3. L 鋼筋則主要為抵抗最大負彎矩，須在支承面上發揮降伏強度，故應自支承面起算有 ℓ_d，另外為減少鋼筋支數改變所生的應力集中現象，必須延伸至 M 鋼筋的照顧範圍，其長度應為 d 或 $12d_b$ 取大值，上述二條件應同時滿足。

4. O 鋼筋的延伸原理與 M 鋼筋略同。此外，需有 $\frac{1}{4}A_s$ 伸入支承面 15cm 以加強梁之整體韌性，N 鋼筋則與 L 鋼筋相同，只是臨界斷面設於梁

中央最大正彎矩處。

4-10 撓剪裂縫的發生與防止

1. 上節討論到 L 及 N 向鋼筋應延伸至 M 或 O 鋼筋的照顧範圍內，以防止應力集中的現象。然而，此種延伸並不能完全解決問題，在許多實驗中可發現此區間屬斷面負擔的內力類型為抗剪及抗撓並存，且彎矩隨活載重分佈改變，時而為正，時而為負，有引致材料疲勞之嫌，最終在以鋼筋被截斷的斷面，或稱 L 或 N 鋼筋的端點所代表切面前後各 $\frac{3}{4}d$ 之範圍發生如圖一所示之裂縫。此等裂縫底部有受撓開裂，延伸至梁腹中呈約 45° 斜面錯動屬受剪開裂，故稱撓剪裂縫。這種破壞模式不一定由何處先發生，但終究為剪力破壞為主要，裂縫成形後發展速度快，必須加以檢討或補強。

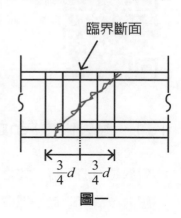

圖一

2. 規範規定若臨界斷面之 $V_u \le \frac{2}{3}(\phi V_c + \phi V_s)$ 則斷面之剪力容量足夠，撓剪裂縫不致發生；其次，若 $V_u \le \frac{3}{4}(\phi V_c + \phi V_s)$ 時，提供的拉力筋是該斷面需求的 2 倍以上，寫為 $\frac{prov\,A_s}{req\,A_s} \ge 2$，則斷面之彎矩容量足夠，亦屬可行。但若以上兩條件均無法滿足時，在截斷點前

後 $\frac{3}{4}d$ 間隔內，應額外設置剪力筋，其提供鋼筋量 A_v 應大於 $4.2\frac{b_wS}{f_y}$，利用此式算得之 S 又應小於等於 $\frac{d}{8\beta_b}$，其中 $\beta_b=\frac{\text{切斷之鋼筋面積}}{\text{原本全部面積}}$，意即 $\frac{N\,\text{鋼筋面積}}{O\,\text{鋼筋和}\,N\,\text{鋼筋之面積和}}$，注意此種補強筋之用意是允許底部開裂，只是防止裂縫繼續向上發展而已。

3. 試舉一例如右：原剪力筋配置為 @15，現為防止撓剪裂縫發生，須額外增加 @20，補強範圍為 100cm，問此範圍之剪力筋間距為何？我們先考慮未補強時應在 $\frac{100}{15}=6.67$ 故使用 7 支，然後考慮補強時額外置入應有 $\frac{100}{20}=5$ 支，故整體應入放 7 + 5 = 12 支，再以 100 除以 12 得 8.3cm，取 8cm 即為所求。

4-11 握裹破壞與n值

1. 對於拉力筋而言，如之前所言，必須確保在臨界斷面上能發揮預期拉應力，故有一最小埋置長度，期以利用鋼筋與混凝土間之接觸應力作為反力。在學理上握裹力分作錨定握裹和撓曲握裹二者，我們僅說明前者。如圖一所示為一直徑 d_b 之拉力筋預期應發揮 $T = A_sf_s$ 之應力，其單位面積接觸應力為 u，埋置長度為 ℓ，利用 $\Sigma F=0$ 可寫出 $d_b\pi\ell \cdot u=\frac{d_b^2}{4}\pi \cdot f_s$，可

推得 $\ell = \dfrac{d_b f_s}{4u}$。通常 u 與摩擦係數有關為常數，由此式可知若鋼筋號數愈大，鋼筋拉應力愈接近 f_y，所需埋置長度愈長，當 $f_s = f_y$ 時，稱 ℓ 為伸展長度，記作 ℓ_d。

2. 當埋置長度不足時，鋼筋除有可能被抽出外，最常見的是局部性的撓剪破壞，即自鋼筋表面沿混凝土較薄處開裂，其破裂面稱「握裹劈裂面」，有圖二所示之三種情形。

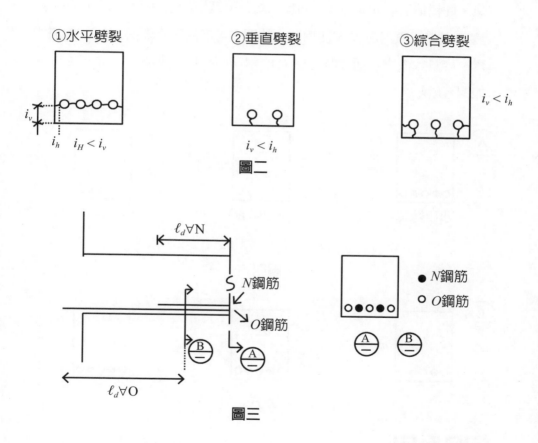

①水平劈裂　　　　　②垂直劈裂　　　　③綜合劈裂

$i_H < i_v$　　　　　$i_v < i_h$　　　　$i_v < i_h$

圖二

圖三

3. 為計算 ℓ_d 值，規範給出一公式於下節詳述，本節先就其中參數 n 值討論：此值定義為握裹劈裂面上需考慮 ℓ_d 的鋼筋支數。以下舉一例：某

梁配拉力筋如圖三所示，試求 N 及 O 鋼筋之 n 值為何？首先，討論 N 鋼筋，因題目未給 i_H 及 i_v，故裂縫情形須自行假設如圖四，握裏劈裂面必先考慮臨界斷面，而 N 鋼筋是為抵抗最大正彎矩，故應取 A 剖面，水平劈裂時，劈裂面為一道，該面上需考慮 ℓ_d 的鋼筋為 N 鋼筋，故 $n = 2$。接著，垂直劈裂時，劈裂面為五道，各道的 n 值自右向右為 0、1、0、1 及 0，注意 O 鋼筋此時並非需考慮 ℓ_d 的鋼筋不予計算，是以，此種情形的 n 值為 1。同理，綜合劈裂情形之 n 值為 2。接著，討論 O 鋼筋，原理與 N 鋼筋相同，差別在考慮的臨界斷面改為 O 鋼筋的彎矩容量代表處，而此時考慮 ℓ_d 的鋼筋亦改為 O 鋼筋，各情形之 n 值如圖五所示。

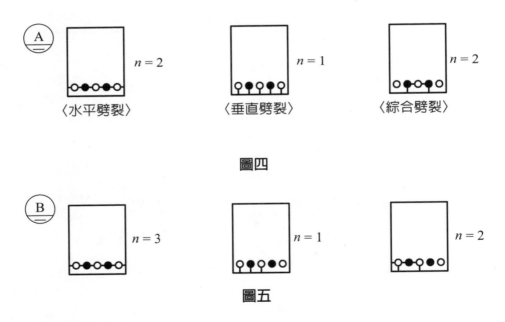

圖四

圖五

4-12 拉力筋伸展長度ℓ_d的計算

1. 規範所訂的ℓ_d值計算公式如下：

$$\ell_d = 0.28 \frac{d_b f_y}{\sqrt{f'_c}} \cdot \frac{\psi_t \cdot \psi_e \cdot \psi_s \cdot \lambda}{\left[\dfrac{c + k_{tr}}{d_b}\right]} \cdot \frac{req\, A_s}{prov\, A_s} \geq 30\text{cm}$$

其中　① ψ_t：鋼筋下方混凝土厚 > 30cm　…1.3

　　　　　　　其他　　　　　　　　　　…1.0

　　　② ψ_e：epoxy 包覆且 $i < 3d_b$ 或 $S_n < 6d_b$　…1.5

　　　　　　　其他 epoxy 包覆　　　　　…1.2

　　　　　　　無　　　　　　　　　　　…1.0

　　　③ ψ_s：#6 以下　　…0.8

　　　　　　　#7 以上　　…1.0

　　　④ λ：輕質混凝土　…1.3

　　　　　　　其他　　…1.0

說明本公式原理如下：首先，爲保守考量ℓ_d應有最小值30公分；其二，$\dfrac{req\,A_s}{prov\,A_s}$表拉力鋼筋容量比預期需求愈多，發生握裹破壞機率愈低；其三，d_b愈小，鋼筋比表面積愈大，可提供之接觸應力作用面積增加，較不易破壞；其四，f_y愈小，預期需發揮之拉應力較小，較不易破壞；其五，f_c'愈大，混凝土強度高，對鋼筋之正向力增加使摩擦力增加，較不易破壞；其六，ψ_t反映鋼筋下方混凝土厚度大於 30 公分時，則較可能有粒料析離現象，混凝土局部強度較低，ℓ_d需增加；其七，ψ_e反映鋼筋如有進行 epoxy 包覆之防銹處理，則表面較滑，摩擦力減少，ℓ_d需增加；其八，ψ_s反映鋼筋號數若較小，混凝土之膠結材在界面上填充較完整，尤其是竹節節間的空隙，如此接觸應力提高，ℓ_d可減少；其九，λ_s反映混凝土如採輕質混凝土，則粒料間多存有細小氣泡，不

利於接觸應力，應增加 ℓ_d；其十，$\left[\dfrac{c+k_{tr}}{d_b}\right]$ 稱側向鋼筋指數，反映在握裹劈裂面上側向鋼筋所能提供之抗剪力，此指數愈高，代表劈裂面上各待伸展鋼筋分到的抗剪能力愈高，此值應小於等於 2.5，其中 c 值為從鋼筋中心起算，至不連續面距離或鋼筋間距 S 的一半取小值，至於 $k_{tr}=\dfrac{A_v f_y}{105 \cdot S \cdot n}$，$S$ 為側向鋼筋在 ℓ_d 範圍內的間距，A_v 為握裹劈裂面上側向鋼筋的總面積，f_y 為側向鋼筋的降伏應力，n 已在前節說明。

4-13 拉力筋伸展長度 ℓ_d 計算例說之一

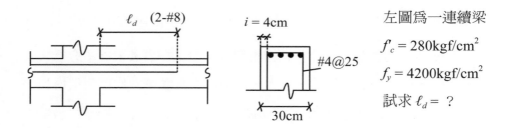

左圖為一連續梁
$f'_c = 280\text{kgf/cm}^2$
$f_y = 4200\text{kgf/cm}^2$
試求 $\ell_d = ?$

1. 本題為 M 及 L 鋼筋，可看作 M 鋼筋要截斷 2 支變為 L 鋼筋，亦可描述為欲配置 2 支 L 鋼筋，前者求 M 鋼筋之理論截斷點，後者求 L 鋼筋之理論伸展長度，其實都是同一問題。

2. 首先，判別開裂模式，參考橫斷面 $i_H = i_v = 4 + 1.3 = 5.3\text{cm}$，而鋼筋淨間距 S_n 為 3.13cm，故混凝土最薄處發生在主筋之間，屬水平劈裂，劈

裂面上 L 鋼筋為 2 支，故 $n = 2$。

3. 接著求側向鋼筋指數，c 值可參考斷面圖應取 $c_2 = 2.85\text{cm}$，$k_{tr} = \dfrac{A_v \cdot f_y}{105S \cdot n}$ $= \dfrac{1.3(2)(4200)}{105(25)(2)} = 2.08$，注意劈裂面上通過的剪力筋有 2 支故 A_v 要以 2 倍計算。題外話，若為垂直劈裂則 $n = 1$，A_v 以 1 倍計算，檢查 $\left[\dfrac{c + k_{tr}}{d_b}\right] = 1.94 \le 2.5$（O.K.）。

4. 最後代入 ℓ_d 公式，ψ_t 因主筋下方混凝土厚顯大於 30cm 應為 1.3，ψ_e、ψ_s、λ 及 $\dfrac{req\ A_s}{prov\ A_s}$ 因題目未給足充分條件，令其為 1，故 $\ell_d = 0.28 \cdot \dfrac{2.5(4200)}{\sqrt{280}} \cdot \dfrac{1.3(1)(1)(1)}{1.94}(1) = 117.74\text{cm} \ge 30\text{cm}$（O.K.）取為 118cm。

4-14 拉力筋伸展長度 ℓ_d 計算例說之二

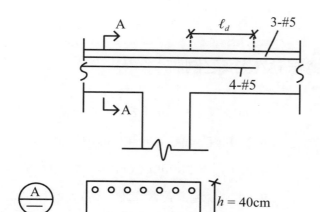

左圖為一頂梁結構，
$f_c' = 175\text{kgf/cm}^2$
$f_y = 2800\text{kgf/cm}^2$
使用輕質混凝土，
$i = 2\text{cm}$，
主筋間距 $S = 20\text{cm}$，
試求 $\ell_d = ?$

1. 頂梁因不需承重故斷面可不必配置剪力筋，因 $A_v = 0$，故 k_{tr} 必為零；

此外，為了減少對下方結構體的靜載重，亦多考慮使用輕質混凝土，故 $\lambda = 1.3$。

2. 首先解出 c 值，c_1 為角隅主筋中心至構材邊緣距離為 $2 + \dfrac{1.6}{2} = 2.8\text{cm}$，$c_2$ 為主筋中心間距為 $\dfrac{18.4 + 1.6}{2} = 10\text{cm}$，應取小值故 $c = c_1 = 2.8\text{cm}$，是以，側向鋼筋指數 $\left[\dfrac{c + k_{tr}}{d_b}\right] = \dfrac{2.8 + 0}{1.6} = 1.75$

3. 接著代入 ℓ_d 計算公式如下：

$$\ell_d = 0.28 \frac{A_s f_y}{\sqrt{f'_c}} \cdot \frac{\psi_t \cdot \psi_e \cdot \psi_s \cdot \lambda}{\left[\dfrac{c + k_{tr}}{d_b}\right]} \cdot \frac{req\,A_s}{prov\,A_s}$$

$$= 0.28 \frac{1.6(2800)}{\sqrt{175}} \cdot \frac{(1.3)(1)(0.8)(1.3)}{1.75} \times 1 = 73.26\text{cm} \geq 30\text{cm} \ (\text{O.K.})$$

$\Rightarrow$ use $\ell_d = 74\text{cm}$

4-15 拉力筋理論截斷點及檢核之例說

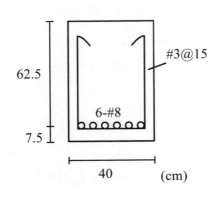

一簡支梁 $\ell = 6\text{m}$，$\omega_u = 13.5\text{t/m}$，$f'_c = 280\text{kgf/cm}^2$，$f_y = 4200\text{kgf/cm}^2$，$i = 4\text{cm}$，$f_{yt} = 2800\text{kgf/cm}^2$，斷面如左圖所示，今若欲截斷二根主筋，應於何處？

#3@15

62.5

6-#8

7.5

40　(cm)

1. 繪梁之立面圖並進行內力分析如圖一所示，定義被截斷之鋼筋為 N 鋼筋，其餘為 O 鋼筋，另自行定義廣義坐標〈z〉，由左端起算。

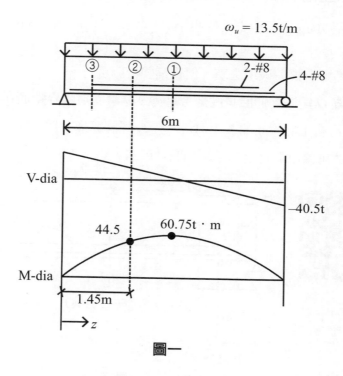

圖一

2. 決定 N 鋼筋之理論截斷點，先計算只剩下 O 鋼筋時之設計彎矩強度有 44.5t・m 此即彎矩容量，在內力圖上標示為 $z_②$ = 1.45m 處，意即 N 鋼筋應負擔 44.5t・m 至 60.75t・m 之範圍。

3. 接著，實際截斷點有兩個規範須考量，其一，應續延伸 $12d_b$ 及 d 取大值為 62.5cm，故應至少至 $z_③$ = 1.45 − 0.625 = 0.825m 處；其二，此處截斷後 N 鋼筋應有足夠伸展長度使 $z_①$ 斷面發揮降伏應力，可計算 ℓ_d 為 99.94cm，而實際提供長度 prov ℓ_d = 3 − 0.825 = 2.175m，符合規範，故此實際斷點可行。

4. 然後檢討截斷點前後 $\frac{3}{4}d$ 範圍是否有發生撓剪破壞之虞，由前節規範檢討可知須額外提供剪力筋於 $z = 0.825 \pm \frac{3}{4}(62.5) = 0.357 \sim 1.293$ m 範圍，間距 20cm，再檢查其值應小於 $\frac{d}{8\beta_b} = \frac{62.5}{8\left(\frac{2}{6}\right)} = 23.44$ cm（O.K.），

綜上截斷雖有撓剪破壞之虞，但經補強後屬可行。

5. 最後檢查 O 鋼筋之伸展長度是否足夠？O 鋼筋之臨界斷面在 $z_{②}$ 處，故提供之 ℓ_d 有 $1.45 - 0.04 = 1.41$m，其 ℓ_d 經計算最少為 134.22cm，符合規範，故可繪出最終定案版本如圖二所示。

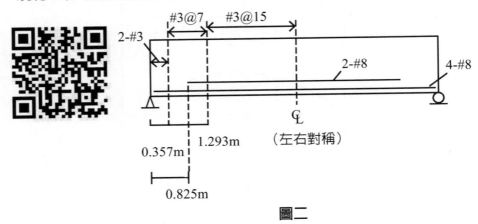

圖二

4-16 拉力筋彎鉤伸展長度 ℓ_{dh} 的規範及例說

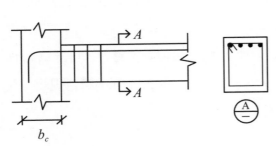

梁斷面 $b = 30$cm、$h = 60$cm
主筋 4-#7，側向筋 #4，
$i_1 = 4$cm，$i_2 = 5$cm，
$f_c' = 210$kgf/cm^2，
$f_y = 2800$kgf/cm^2
求柱邊最小邊寬 $b_c = $?
（As req 3.2-#7）

1. ℓ_{dh} 設置原理與 ℓ_d 相同，是爲了要使臨界斷面上之拉力筋能發揮降伏應力。本題之臨界斷面在梁與柱之交界，向右延伸 ℓ_d 沒問題，但如向左延伸則需使柱之邊寬增厚爲 98.7cm，顯不可行，故規範允許如將該主筋以 90° 彎勾錨定於梁柱接頭時，伸展長度可改爲以下公式計算，其值不得小於 15cm 或 8 倍主筋直徑：$\ell_{dh} = 0.075 \dfrac{d_b f_y}{\sqrt{f'_c}} \psi_e \cdot \lambda \cdot k$。按此式計算之長度，比 ℓ_d 短上許多，此自是因主筋之握裹力多了混凝土對彎勾段的抗壓反力所致，故彎勾對壓力筋無效，必須注意。

2. 回到本題，此公式中 k 值被定義爲 k_1、k_2 及 k_3 取小值，其中若 $i_1 \geq 6.5\text{cm}$ 且若 $i_2 \geq 5\text{cm}$ 時 k_1 爲 0.7，i_1 及 i_2 所指尺寸詳圖一；又若 ℓ_{dh} 內有側向鋼筋圍束且間距 $\leq 3d_b$ 時 k_2 爲 0.8；再若臨界斷面上拉力筋的彎矩容量大於需求時，$k_3 = \dfrac{req\ A_s}{prov\ A_s}$，本題 k_1 及 k_2 均未符合使用條件，$k_3 = \dfrac{3.2}{4} = 0.8$，故 $k = 0.8$，可推得 $\ell_{dh} = 0.075 \dfrac{2.2(2800)}{\sqrt{210}}(1)(1)(0.8) = 25.5\text{cm} \geq \text{MAX}[15，8d_b]$（O.K.），是以，$b_c = \ell_{dh} + i_2 = 30.5\text{cm}$ 即爲所求。注意，k_1, k_2 及 k_3 如均符合使用條件，則 $k = k_1 \cdot k_2 \cdot k_3$。

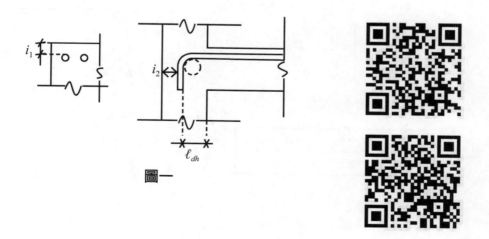

圖一

4-17 鋼筋彎鉤尺寸的規範與加工方法

1. 本節探討鋼筋彎鉤的尺寸，規範主要分作主筋及側向鋼筋二種，如圖一所示。

① 主筋

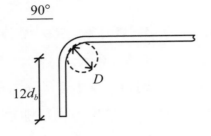

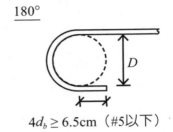

其中 D 與號數有關：

號數	#3 ～ #8	#9 ～ #11	#14 以上
D	$6d_b$	$8d_b$	$10d_b$

② 側向鋼筋

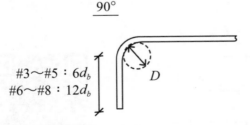

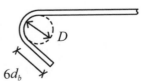

其中 D 與號數有關：

號數	#3 ～ #5	#6 ～ #8
D	$3d_b$	$6d_b$

2. 從上圖可知彎曲的曲率不可過大，否則會使鋼筋之殘餘應力過大，斷面出現塑性變形，如此將使拉力筋受拉時自彎折處斷裂，致彎鉤失效引發握裹破壞。鋼筋號數愈大，D 及直線延伸要求也愈大。另外，側向鋼筋的彎鉤因主要並非抗拉，故可酌予放寬標準，#3 ～ #5 之 D 為主筋的一半。

4-18　基礎的破壞模式與支承力分析

1. 淺基礎定義為將上部結構之荷重傳達於支承土層之構造物。究基礎的破壞模式有三，分述如右：其一，最大彎矩破壞，如圖一所示，臨界斷面發生在柱與基礎的交界，用以計算基礎的長向鋼筋量；其二，最大撓曲剪力，如圖二所示，臨界斷面發生在柱外有效深度 d 處，用以計算基礎厚度。基礎多不設計剪力筋，逕以混凝土剪力強度 ϕV_c 抵抗即可，另若柱為矩形則只需檢討長向；其三，穿孔剪力破壞，如圖三所示，臨界斷面發生在柱外 $\dfrac{d}{2}$ 處，且呈口字型一次性破壞，此種破壞之混凝土剪力強度被設計為 $\phi V_c = \phi 1.06 \sqrt{f'_c} b_0 d$，其中 b_0 為口字之周長。通常矩型基礎之厚度多由此種破壞控制。最後圖一至圖三的斜線陰影範圍為計算需求剪力 V_u 所用，而土壤反力 q 則使用 q_{net}，即扣除基礎自重及覆土重。

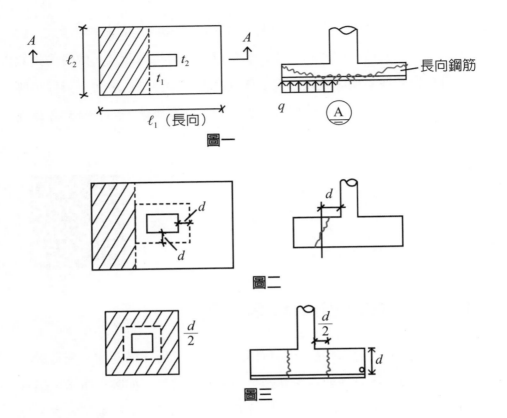

圖一

圖二

圖三

3. 考慮一 290cm×290cm 的方形基礎與 45cm×45cm 的方柱連結如圖四所示，兩向排各 21#7 鋼筋，$A_s = 78.3\text{cm}^2$，$f_y = 210\text{kgf/cm}^2$，$f_c' = 2800\text{kgf/cm}^2$，試求 P_L 為何？首先，考慮穿孔剪力破壞有：

$P_D = 100\text{t}$

45×45

$d = 55\text{cm}$

290cm

圖四

$b_0 = (45 + 55)(4) = 400\text{cm}$

$\phi V_c = \phi 1.06\sqrt{f_c'}b_0 d = 0.75(1.06)\sqrt{210}(400)(55) = 253454\text{kg}$

$V_u = q_{net}[290^2 - (45 + 55)^2] = q_{net}(74100)$

令 $\phi V_c = V_u \Rightarrow q_{net} = 3.42\text{kg/cm}^2 = 34.2\text{t/m}^2$

其次爲考慮撓曲剪力破壞有：

$$\phi V_c = 0.75(0.53)\sqrt{210}\,(290)(55) = 91877 \text{kg}$$

$$V_u = q_{net}[290(290 - 45 - 110)/2] = 19575 \cdot q_{net}$$

令 $\phi V_c = V_u \Rightarrow q_{net} = 46.93 \text{t/m}^2$

最後考慮最大彎矩破壞有：

$$a = \frac{A_s f_y}{0.85 f'_c b} = \frac{78.3(2800)}{0.85(210)(290)} = 4.24 \text{cm} \Rightarrow x = \frac{4.24}{0.85} = 5 \text{cm}$$

$$\varepsilon_t = \frac{0.003}{5}(55 - 5) = 0.03 > 0.005 \quad \therefore \phi = 0.9$$

$$M_n = A_s f_y \left(d - \frac{a}{2}\right) = 78.3(2800)\left(55 - \frac{4.24}{2}\right) = 11593411 \text{kg} \cdot \text{cm}$$

$$M_u = \left(\frac{290 - 45}{2}\right)^2 (290)\left(\frac{1}{2}\right) \cdot q_{net} = 2175906 \cdot q_{net}$$

令 $M_u = \phi M_n \Rightarrow 2175906 \cdot q_{net} = (0.9)(11593411) \Rightarrow q_{net} = 47.9 \text{t/m}$

4. 比較以上三種破壞模式計算結果可知，當 q_{net} 由零漸增加至 34.2t/m^2 時發生穿孔剪力破壞，故取其分析基腳支承力，由整體自由體圖可有 $P_u = 1.2 P_D + 1.6 P_L = q_{net} \cdot A$ 其中 A 爲基礎底面積，如此便解得 $P_L \leq 104.8 t$

4-19　基礎的承壓破壞與檢核

1. 除了上節的三大破壞模式外，基礎尚有純壓力造成的承壓破壞，如圖一所示，與柱之載重過大時，將有可能發生水平之裂縫，此爲混凝土被壓碎。裂縫發生位置有兩種可能性，其一，柱與基礎的交界面①；其二，基礎內部②。①須檢核 $\phi P_{nb} = \phi 0.85 f'_c A_1 \geq P_u$，$f'_c$ 爲柱所用的混凝土強度；②須檢核 $\phi P_{nb} = \phi 0.85 f'_c A_1 \sqrt{\dfrac{A_2}{A_1}} \geq P_u$，$f'_c$ 爲基礎所用的混凝

土強度，且 $\sqrt{\dfrac{A_2}{A_1}}$ 若大於 2 則令爲 2。

2. 考慮一基礎承壓如圖二所示，試檢核是否會發生承壓破壞？首先，A_1 爲 $35 \times 40 = 1400\text{cm}^2$，但 A_2 爲何？我們將柱之 $45°$ 截角線向外延伸至基礎邊緣交四點所成四邊形即 A_2 之計算面積，爲 $250 \times 255 = 63750\text{cm}^2$。接著代入公式，在柱與基礎交界面上有 $\phi P_{nb,柱} = 0.65(0.85)(280)(1400) \times 10^{-3} = 217t$，在基礎內有 $\phi P_{nb,基}$

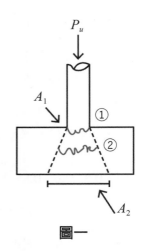

圖一

礎 $= 0.65(0.85)(210)(1400) \cdot \sqrt{\dfrac{A_2}{A_1}} \cdot 10^{-3}$，其中 $\sqrt{\dfrac{A_2}{A_1}} = 6.74$ 應取 2，故 $\phi P_{nb,基礎}$ 之值爲 $324t$，綜合以上，此基礎之承壓力設計強度爲 $217t$，大於 $P_u = 132t$，不會發生承壓破壞。

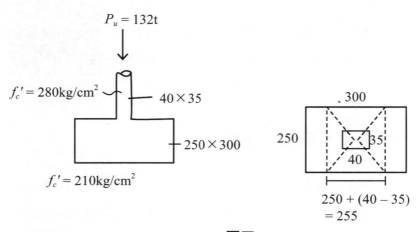

圖二

4-20 壓力筋的伸展長度 ℓ_{dc} 與基礎插筋設計

1. 如同雙鋼筋矩型梁之主筋必先置于角落四隅，柱與基礎之交界面亦須在角落放置如圖一所示，此額外鋼筋稱作插筋。依規範，插筋之鋼筋量不得小於柱斷面積之千分之五，並與原柱筋形成束筋。

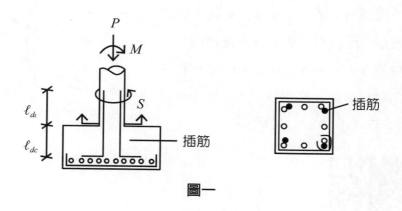

圖一

2. 又如同拉力筋之 ℓ_d，壓力筋為能在臨界斷面上發揮降伏應力，亦應有適當之最小伸展長度 ℓ_{dc}，在 $f_c' \leq 280\text{kgf/cm}^2$ 下，ℓ_{dc} 被計算為 $0.075\dfrac{d_b f_y}{\sqrt{f_c'}} \cdot \dfrac{reqA_s}{provA_s} \geq 20\text{cm}$。相較 ℓ_d 之公式可看出，ℓ_{dc} 之要求較為寬容，這是因為畢竟混凝土本質上有良好的抗壓性能，當鋼筋與之共同抗壓時接觸應力更高。另外，請注意插筋的臨界斷面為柱與基礎的交界面，亦為 ℓ_{dc} 之起算點，向上向下均應至少伸展 ℓ_{dc} 長。

3. 如圖二所示，基礎兩向排 #7 鋼筋，$f_y = 2800\text{kg/cm}^2$，$f_c' = 210\text{kg/cm}^2$，試以插筋設置觀點決定版厚 h 為何？首先決定鋼筋量 A_s 應為柱斷面積之 5‰，故 $A_s = (45)^2 \cdot (0.005) = 10.13\text{cm}^2$，擬使用 4 支 #7 鋼筋，故實際提供 $A_s = 4(2.8) = 11.2\text{cm}^2$。接著計算 $\ell_{dc} = 0.075\dfrac{1.9(2800)}{\sqrt{210}} \cdot \dfrac{10.13}{11.2}$

= 24.9cm ≥ 20cm，插筋向上延伸因與柱連接，無須檢討 ℓd，向下計算長度並且加計彎勾，應如圖三所示，此處之彎勾與應力無關，只是方便使插筋直立，#7 鋼筋之內彎曲直徑 D 為 $6d_b$ = 11.4cm，至於保護層 i 應為 7.5cm，基礎的保護層較厚是因混凝土與土壤直接接觸，水氣較易滲入。另 S_{min} 取 2.5cm 是有利混凝土順利填充。綜合以上，h 被計算為 48.2cm，令為 50cm 即為所求。

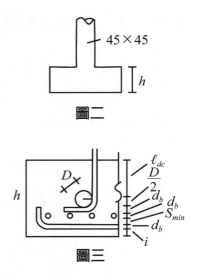

圖二

圖三

4-21 矩形基礎的設計例說

試設計獨立基礎，已知柱斷面 40cm×40cm，P_D = 30t、P_L = 60t，q_a = 18t/m²，基礎平均自重 1.75t/m²，入土深 D_f = 1.8m、f_c' = 210kgf/cm²、f_y = 4200kg/cm²，使用 #6 鋼筋（A_b = 2.85cm²，d_b = 1.9cm），尺寸為方形，柱之 f_c' = 280kgf/cm²（不考慮插筋）。

1. 本題屬於柱及基礎版均為矩形的獨立基腳，雖題目並未繪圖，但可直接假定柱中心與基礎版中心在垂直方向共線，即無偏心載重。另外，基礎「平均」自重係指自重與覆土重平均，通常以設計而言，此二者重量不計入 P_u 之計算，直接自 q_a 中扣除即可。

2. 首先設計基腳面積與尺寸。土壤實際可用於抵抗需求的載重 $q_e = q_a - $ 自重 $= 18 - 1.75(1.8) = 14.85\text{t/m}^2$，故 $q_e \cdot A = P_D + P_L$ 推得 $A = 6.06\text{m}^2$，擬使用 $250\text{cm} \times 250\text{cm}$ 之版實際提供之 $A = 6.25\text{m}^2$，則 $q_{net} = \dfrac{1.2P_D + 1.6P_L}{(2.5)^2} = 21.12\text{t/m}^2$，注意自 q_{net} 需考慮載重因數。

3. 接著決定版厚，先猜破壞模式由穿孔剪力控制，故 $V_u = q_{net}[250^2 - (40 + \text{d})^2]$、$\phi V_c = \phi 1.06\sqrt{f_c'}\, b_0 d$，令 $\phi V_c = V_u$ 解得 $d = 34.8\text{cm}$，計算 h 為 47.65cm，擬使用版厚為 50cm，故提供的有效深度 d 為 37.15cm。然後以版厚 50cm 檢討是否會發生撓剪破壞？經計算 V_u 為 34505kg、ϕV_c 為 53499kg，$\phi V_c > V_u$（O.K.），猜測正確。

4. 第三步以撓曲破壞模式配筋，視同矩形梁設計可有 $A_s = 19.23\text{cm}^2$，但溫度筋在此用量應為 $A_{st} = 22.5\text{cm}^2$，故須以 A_{st} 設計，使用 #8 鋼筋，間距 33.3cm，檢查是否小於溫度筋規範 5h 或 45cm 取小值，因 s 小於 45cm 故合理可行。若間距過大應考慮減少鋼筋號數。

Note

第5章
土壤力學

5-1 土壤基本性質（一）

1. 在 1 大氣壓力（atm）及攝氏 4℃下，水的密度 γ_w 被量測為 1g/cm^3，又可單位換算為 1kg/l、1ton/m^3 及 9.81kN/m^3。在土壤力學的範疇下因不脫離地表，故質量與重量的值被視為相同，故密度實與單位重為同義，可用以評估單位體積內所含的物質量。定義土壤中固體部分的單位重為 γ_s，再定義比重 $G_s = \dfrac{\gamma_s}{\gamma_w}$，則若稱某土壤 $G_s = 2.3$，代表該土壤「固態粒子」的單位重為水的 2.3 倍。

2. 土壤是由母岩經風化作用後所生之碎屑，其間含有空氣、水、微生物、有機質、結晶體…等諸多物質，在力學上表現出非均質及非等向的行為。所謂非均質指自土壤中任意取兩單元體作力學實驗，在力學上的行為不同，而非等向指同一單元體施以不同方向的受力其行為亦不同，這是因為土壤的微觀結構在大小、排列、級配、形狀、層次，及成分均有差異。是以，土壤為力學中所有的力學公式都是經驗公式，使用前必須詳加確認其適用場合及條件。

3. 在自然環境下土壤中的含水量會不斷變化，致統體單位重發生改變，但 V_s 應為定值。某工程師於工地現場取得一溼潤的土壤樣本，欲了解其固體部分之重量 W_s 及體積 V_s，可利用阿基米得原理設計以下實驗：(1) 將溼土置於 105℃的烤箱中 24 小時得到乾土樣本。(2) 準備一容器盛滿水並稱重得 W_1，(3) 對乾土稱重得 W_2，此 W_2 即 W_s，(4) 再將乾土置於容器中任水溢出，再稱其重得 W_3，(5) 可知排出的水重為 $W_4 = W_1 + W_2 - W_3$，利用 γ_w 可知被排出的水之體積 V 為 $\dfrac{W_4}{\gamma_w}$，(6) 又因置入容器之乾土體積與被排出之水的體積相同，故 V_s 即 V。(7) 利用上開實驗

結果可推得土粒單位重 $\gamma_s = \dfrac{W_s}{V_s}$ 及土粒比重 $G_s = \dfrac{\gamma_s}{\gamma_w}$。

5-2　土壤基本性質（二）

1. 真實的土壤樣本如圖一所示，除了土粒子代表的固體部分，尚有許多孔隙，而孔隙間又可能有液態水充填其間。是以，應可依照固、液及氣三態，分作體積和重量兩類以圖二表達而有以下 9 個參數：W_a（土壤空氣重）、W_w（土壤含水重）、W_s（土壤粒子重）、W（土壤樣本總重）、V_a（土壤氣體體積）、V_w（土壤含水體積）、V_v（土壤孔隙體積）、V_s（土壤粒子體積）及 V（土壤總體積），其中有以下守恒式應成立：其一、$V = V_a + V_w + V_s$；其二、$W = W_a + W_w + W_s$；其三、$V_v = V_a + V_w$，其四、$W_a = 0$。從以上可以觀察到 W_s、V_s 及 V_v 與水無關，屬於較不受自然環境影響的土壤性質參數。

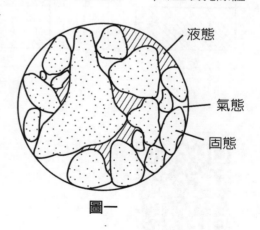

液態

氣態

固態

圖一

2. 當土壤樣本被取出後可先測得 W 及 V，定義 $\gamma_m = \dfrac{W}{V}$，稱統體單位重，其土壤內含若干水分，但又不占滿孔隙如圖二的溼土所示，若將之置於烤箱令其水分蒸發，則成為圖二的乾土，定義 $\gamma_d = \dfrac{W_s}{V}$ 稱乾土單位重；又若在樣本上加水使水分完全填滿孔隙，則成為圖二的飽和土，此時增加的水重為 $V_a \cdot \gamma_w$，故有飽和單位重 $\gamma_{sat} = \dfrac{W + V_a \cdot \gamma_w}{V}$；再者，如將此飽和土浸入水面底下，則須再考慮水之浮力有 $\gamma_w \cdot V$，故單位重減少為 $\dfrac{W + V_a \gamma_w - \gamma_w \cdot V}{V}$，稱為浸水單位重 γ_{sub}，此式可再簡化為 $\gamma_{sat} - \gamma_w$，亦可寫為 γ' 稱為有效單位重。

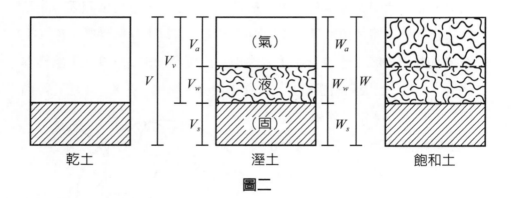

乾土　　　　　　　溼土　　　　　　　飽和土

圖二

5-3 土壤基本性質（三）

1. 本節繼續介紹四項常用的土壤性質參數，分別為 ω（含水比）$= \dfrac{W_w}{W_s}$，S（飽和度）$= \dfrac{V_w}{V_v}$，n（孔隙率）$= \dfrac{V_v}{V}$ 及 e（孔隙比）$= \dfrac{V_v}{V_s}$，此四參數均為無因次，其中 n 及 e 與水無關，適合用以比較各不同工地之土壤，而 ω 及 S 與水有關，可用以評估土壤的含水程度。

2. 接著我們再介紹五條常用關係式分別為：$n = \dfrac{e}{1+e}$、$w = \dfrac{s \cdot e}{G_s}$、$\gamma_d = \dfrac{\gamma_m}{1+w}$、$\gamma_d = \dfrac{\gamma_s}{1+e}$ 及 $\gamma_m = \dfrac{1+w}{1+e} \cdot \gamma_s$，以下證明 $n = \dfrac{e}{1+e}$，其餘四式請自行練習

$\because$ 左式：$n = \dfrac{V_v}{V}$；

又 $\because$ 右式：$\dfrac{e}{1+e} = \dfrac{\dfrac{V_v}{V_s}}{1 + \dfrac{V_v}{V_s}} = \dfrac{\dfrac{V_v}{V_s}}{\dfrac{V_s + V_v}{V_s}} = \dfrac{V_v}{V_s + V_v} = \dfrac{V_v}{V}$

$\therefore$ 左式 $= \dfrac{V_v}{V} =$ 右式（得證）

5-4 土壤基本性質（四）

1. 已知某土樣 $V = 0.1\text{m}^3$、$W = 1.8\text{kN}$、$\omega = 12.6\%$ 及 $G_s = 2.71$，試求 γ_m、γ_d、e、s、γ_{sat} 及 γ_{sub} 為何？

2. 首先，依土壤三相圖應有以下三條守恒式分別為：$(1)V = V_a + V_w + V_s$；$(2)V_v = V_a + V_w$；$(3)W = W_w + W_s$，另外又有水之密度式 $\gamma_w = \dfrac{W_w}{W_s}$ = 9.81kN/m^3，此外，題目又給出之 2 條關係式 $\omega = \dfrac{W_w}{W_s} = 0.126$ 及 $G_s = \dfrac{\gamma_w}{\gamma_s} = 2.71$，以上共計有 6 條方程式。

3. 盤點未知數計有 V_a、V_w、V_s、V_v、W_w 及 W_s 計 6 個，故恰屬於聯立 6 條方程式解 6 個未知數問題，應可解得 $V_v = 0.04\text{m}^3$、$V_w = 0.02\text{m}^3$、$V_s = 0.06\text{m}^3$、$V_a = 0.02\text{m}^3$、$W_w = 0.2\text{kN}$ 及 $W_s = 1.6\text{kN}$。

4. 接著滿足題意要求：$\gamma_m = \dfrac{W}{V} = 18\text{kN/m}^3$；$\gamma_d = \dfrac{W_s}{V} = 16\text{kN/m}^3$；$e = \dfrac{V_v}{V_s} = 0.67$；$s = \dfrac{V_w}{V_v} = 50\%$；$\gamma_{sat} = \dfrac{W_w + W_s + V_a \cdot \gamma_w}{V} = 19.96\text{kN/m}^3$；$\gamma_{sub} = \gamma_{sat} - \gamma_w = 10.15\text{kN/m}^3$

5. 本題如加問：今欲加水使此土樣達飽和狀態，應加水若干體積？因未加水時此樣本尚有孔隙體積 $V_v = 0.02\text{m}^3$，所謂飽和之意即孔隙充滿水，故應加水 0.02m^3。

5-5 土壤的夯壓理論

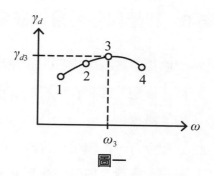

圖一

1. 在工地中如地基過於軟弱，則須挖除回填，但回填土多鬆軟，需夯壓使強度上升，而乾密度 γ_d 即一評估指標。

2. 經實驗可知，γ_d 與土壤中的含水量 ω 有如圖一之關係，可發現隨 ω 增加，γ_d 亦增加，此因水於土壤中作為潤滑劑，有助於夯壓能量使土粒間摩擦力下降進而重新排列達成孔隙空氣排出、孔隙體積減少、γ_d 上升之結果。但此機制至 $\langle \gamma_{d3}, \omega_3 \rangle$ 便達極限，係因可排出之空氣已全部排除，其餘孔隙體積被水占滿形成接近飽和狀態，在此情形下再加水使 ω 上升，效果僅是使孔隙體積增加，反而不利夯壓的效果。

3. 綜上，ω_3 稱「最佳含水量」，寫作 O.M.C，若 $\omega >$ O.M.C. 時之 γ_d 稱「零空氣孔隙單位重」，寫作 $\gamma_{z.a.v}$，可推導為 $\dfrac{\gamma_w}{\omega + G_s^{-1}}$。O.M.C. 之值可透過實驗室獲得，而工程師便據以評估工地現場所須加入之水量，考慮現場水分蒸發的因素，通常會略多於設計值，稱「溼側夯實」。

4. 另外，若現地土壤已達 $\gamma_{z.a.v}$ 時，提高夯壓能量並不能使 γ_d 上升，反而會使土粒子發生破壞，對土壤強度不利，稱「過度夯實」。

5-6 級配與粒徑分佈曲線的基本概念

1. 土壤係由許多大小不一的顆粒和水組成，其中顆粒的尺寸稱「粒徑」而「級配」即顆粒粒徑的大小分佈狀況，一般而言可用「粒徑分佈曲線」描述。

2. 想像今有一堆顆粒在容器中堆積如圖一所示。現為之稱得一總重 W，接著將之全數取出由小至大排序如圖二所示，接著定義兩尺寸 d_A 及 d_B，如此便將顆粒群分成三組，將各組稱重得 $W_{小}$、$W_{中}$ 及 $W_{大}$，再將其值除以總重 W 得重量百分比假設為 $\frac{W_{小}}{W} = 30\%$，$\frac{W_{中}}{W} = 40\%$ 及 $\frac{W_{大}}{W} = 30\%$。

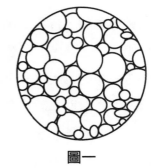

圖一

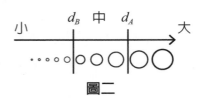

圖二

3. 令一卡氏坐標系，橫軸為粒徑 d，縱軸為累積百分率 $P(\%)$ 並定義由右向左累積，將上開數值標定於圖中，注意屬於中顆粒之組的代表粒徑 $d_{中}$ 可取 $\frac{d_B - d_A}{2}$，而 $d_{大}$ 及 $d_{小}$ 則自行取合理數值，如此可繪如圖三，將各點以曲線相連即粒徑分佈曲線，此種曲線具有平滑緩降特徵，可知此顆粒群之粒徑大小分佈廣泛。

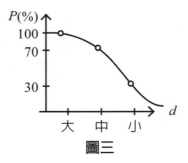

圖三

4. 現考慮另外三種顆粒群如圖四、五及六所示，圖四之顆粒群缺少中顆粒，稱「跳躍級配」，曲線有如下樓梯；圖五之顆粒群粒徑大小相近，

稱「均勻級配」，圖六則缺少小顆粒。此三圖之曲線均有在某點急轉
直下的情形，不若圖三曲線緩和。

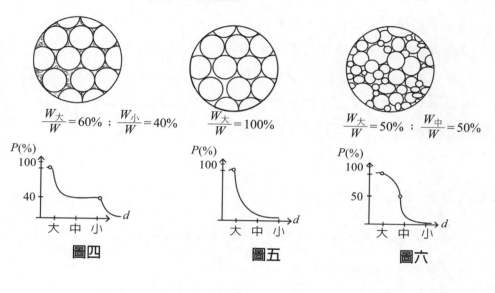

$$\frac{W_{大}}{W} = 60\% \ ; \ \frac{W_{小}}{W} = 40\%$$　　$$\frac{W_{大}}{W} = 100\%$$　　$$\frac{W_{大}}{W} = 50\% \ ; \ \frac{W_{中}}{W} = 50\%$$

圖四　　　　　　　圖五　　　　　　　圖六

5-7　級配優良與否的定量標準

1. 以土壤而言，單位重愈高通常表示有較高的抗剪強度，而級配為影響
   單位重高低的首要因素。經統計分析，若土壤樣本中若存有以下 2 特
   徵則可能有較高的單位重：其一、大顆粒群與小顆粒群之尺寸差異大：
   其二、中顆粒群的尺寸恰為大、小顆粒群的中間值。

2. 現考慮一級配曲線如圖一所示，定義「小顆粒群」之代表粒徑為 $P =$ 10% 依曲線對應之尺寸，注意此尺寸僅為抽象值，真實顆粒不一定有此尺寸者。此值寫作 D_{10}，又稱「有效粒徑」；同理，「中顆粒群」之代表粒徑為 D_{30}、「大顆粒群」為 D_{60}

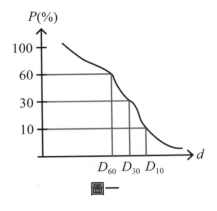

圖一

3. 回到第一點之兩特徵，我們令 $C_u = \dfrac{D_{60}}{D_{10}}$，此值稱均勻係數，$C_u$ 愈大則特徵一愈明顯；再令 $C_d = \dfrac{D_{30}^2}{D_{60} \cdot D_{10}}$，此值稱級配係數、又稱曲率係數，$C_d$ 愈接近 2 則特徵二愈明顯。是以，定義若 C_d 介於 1～3 間時，礫石之 $C_u \geq 4$ 或砂土之 $C_u \geq 6$ 稱為良好級配，其餘均為不良級配。

5-8　土壤顆粒名稱定義與篩分析運作原理

1. 在大自然中，土壤顆粒的尺寸直接影響整體性能，例如顆粒極細小之土壤透水性差。為不同尺寸範圍定義不同名稱實有必要，是以定義凡 4.75mm 以上者統稱為石，其中 304.8mm 以上為巨石、76.2mm～304.8mm 為卵石、4.75mm～76.2mm 為礫石；再者，0.075mm～4.75mm 者統稱砂，其中 2mm～4.75mm 為粗砂、0.425mm～2mm 為中砂，

0.075mm～0.425mm 為細砂，最後，0.075mm 以下者統稱土，其中 0.002mm～0.075mm 為粉土、0.002mm 以下為黏土。

2. 就分類方法而言、「石」使用卡尺測量，「砂」使用篩分析，「土」則使用比重計分析。在取得土壤樣本後，我們會先進行篩分析，以下說明其原理：考慮有一顆粒被丟入篩中如圖一，此篩有上、下兩篩網，篩 A 之網孔直徑為 D，顆粒通過篩 A 之原因為此顆粒之最小直徑小於 D；又篩 B 之網孔直徑為 d，顆粒停留篩 B 上之原因，為此顆粒之最小直徑大於 d，如此篩 B 上之顆粒大小可視為 d～D 之尺寸，而此篩在物理上可將顆粒分作三群，若彷前節令之為「大」、「中」及「小」顆粒，自可為其繪製粒徑分佈曲線。

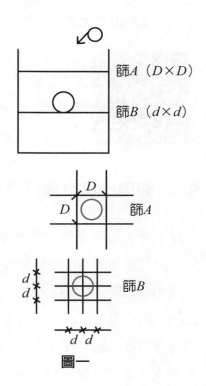

圖一

3. 篩分析之實驗裝置可將任意顆粒材料進行分組，我們參考土壤名稱與尺寸之關聯決定篩網的規格，便有如圖二之裝置。

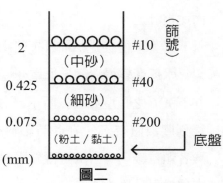

圖二

4. 因考慮篩網金屬線不可能無限細，#200 篩為能篩出最小顆粒之極限，
通過 #200 篩落 於底盤之「粉土」或「黏土」，尚須使用比重計分析，
方能完成真實土壤的全部粒徑分佈曲線。

5-9　使用比重計進行土壤細料粒徑分析

1. 承前節，篩分析後我們將底盤土取出稱重 W_s，
並對之使用阿基米德原理得其單位重 γ_s，接著便
使用比重計分析粒徑。

2. 圖一為一置於 1 atm，4℃純水中的比重計，其桿
身有刻度，觀察液面位置高度的刻度數值即此液
體之比重，應顯示為 $\gamma_w =$「1」，現將細料丟入
純水中並使之均勻分散，此時液體的比重上升，
而比重計上浮，令此時點為 t_1，記錄刻度數值有
γ_{t1}，接著，待經過 Δt 時間，部分較重的顆粒沉
澱，水逐漸變得清澈，比重亦逐漸降低，比重計
亦下沉 L 之長度如圖二所示，令此時點為 t_2，記
錄刻度數值有 γ_{t2}，在此時細料分作兩類，未沉

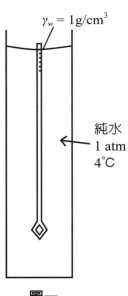

$\gamma_w = 1\text{g/cm}^3$

純水
1 atm
4℃

圖一

澱者顆粒較小，占重量百分比 N%，另一類則為已沉澱者，顆粒較大，
占重量百分比 100% – N%。

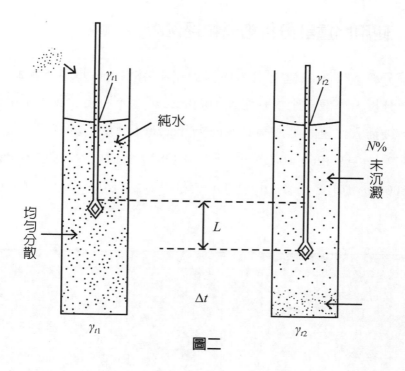

圖二

3. 因沉澱的顆粒平均粒徑較大，試問區分沉澱與懸浮的顆粒尺寸為何？
   又各自的重量百分比為何？尺寸可使用下式計算：

   $D(\text{mm}) = \dfrac{10}{\sqrt{60}} \sqrt{\dfrac{18\mu}{\gamma_s - \gamma_w}} \cdot \sqrt{\dfrac{L(\text{cm})}{\Delta t(\text{min})}}$，其中 μ 為水的黏滯係數，可查表

   獲得；重量百分比 N 則使用下式計算：$N(\%) = \dfrac{(\gamma_{t2} - \gamma_w) \cdot V}{\left(1 - \dfrac{\gamma_w}{\gamma_s}\right) W_s}$，此式中

   之 V 為量筒液體體積。

4. 綜上可知，比重計在此為類似於篩網的功能，全實驗過程將記錄多次
   時點之 γ、L 和 Δt，每記錄一次便相當於確認了某
   尺寸區間粒徑的顆粒重量百分比。

5-10 使用比重計分析細料粒徑例說

1. 某篩分析實驗,底盤上土壤樣本占總重 48%,今取其 50g 進行比重計分析,準備一比重瓶注入 1000c.c. 純水,將土樣置入水中攪拌均勻後插入比重計,觀察到液面上升 2cm,已知 $G_s = 2.7$、$\gamma_{w,\,25°} = 0.9971$,$\mu = 9.126 \times 10^{-6} \mathrm{g/cm^2}$,$\gamma_c = 0.9982$,可使用公式為:$D(\mathrm{mm}) = \sqrt{1800 \cdot \mu \cdot Z/[(\gamma_s - \gamma_w) \cdot t]} \cdot N(\%) = G_s \cdot V \cdot \gamma_c \cdot (R_i - R_w) \cdot 100\%/[(G_s - 1) \cdot W_s]$。

比重計量測時間 t (min)	比重計在土液中讀數 R_i (g/cm³)	比重計在清水中讀數 R_w (g/cm³)	水溫 ℃	比重計重心到液面距離 (cm)	浸計修正後比重計重心沉降深度 Z (cm)	粒徑 D (mm)	比重計粒徑分析通過百分比 N (%)	粒徑分析通過百分比 N' (%) $N' = 0.48N$
0								
1/4	1.027	0.995	25	12.1	10.1	0.081	101.5	48.7
1/2	1.023	0.995	25	13.1	11.1	0.060	88.8	42.6
1	1.021	0.995	25	13.6	11.6	0.043	82.4	39.6
2	1.020	0.995	25	13.8	11.8	0.031	79.3	38.1
5	1.018	0.995	25	14.2	12.1	0.020	72.9	35.0

2. 此實驗之表格如上,t、R_i、R_w 及水溫均屬觀測值,至於比重計重心沉降距離 Z 須減去比重計自身排出液體造成上升的 2 公分,至於 D 及 N 則代公式即可,惟此處之 N 是以細料總重為 100%,若要與篩分析結果綜合繪製粒徑分佈曲線,則應再乘上 48% 為 N'。

3. 此表之實驗結果有二不合理之處,其一是在 $t = \dfrac{1}{4}$ min 時 N 為

101.5%，大於 100% 顯不合理，這可能是比重計剛插入液中未待液面靜止造成 R_i 值讀數失準所致，此數據應予廢棄；其二是最小粒徑 D 為 0.02mm，仍遠大於粉土和黏土之分界值 0.002mm，且此時 N 尚有 72.9%，代表仍有相當多的細料被歸為同粒徑範圍，故本實驗應加長量測時間至 D 為 0.002mm 為止，是以，若要以比重計區分粉土和黏土含量，5 分鐘是遠遠不足的。

5-11　篩分析粒徑例說

1. 今將土壤樣本稱得一總重 W 後對之進行篩分析，將各盤遺留之顆粒稱重除以 W 即得遺留百分比，如圖一所示。接著由上往下累加即得累積遺留百分比，至底盤應恰為 100%，最後，為方便繪製粒徑分佈曲線，再以 100% 減去累積遺留百分比，得通過重量百分比 P 便告完成。

2. 表中每一行數據即代表粒徑分佈曲線之數據點，橫軸使用對數尺度表示粒徑，縱軸則為通過重量百分比，譬如停留在 #10 篩之 $P = 80\%$，代表粒徑為 2～4.75mm，應標於圖二中之 A 點。

	遺留%	累積遺留%	通過重量P百分比%	代表粒徑mm
	0	0	100	> 30.48
	5	5	95	7.62～30.48
	5	10	90	4.75～7.62
	10	20	80	2～4.75
	25	45	55	0.425～2
	50	95	5	0.075～0.425
	5	100	0	< 0.075

圖一

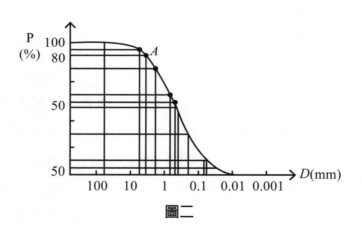

圖二

3. 現欲分析此樣本之級配是否優良，可自 $P = 60\%$ 處對應曲線橫坐標

值得 $D_{60} \fallingdotseq 0.7\text{mm}$，同理，$D_{30} \fallingdotseq 0.18\text{mm}$，$D_{10} \fallingdotseq 0.06\text{mm}$，接著有

$C_u = \dfrac{D_{60}}{D_{10}} = \dfrac{0.7}{0.06} = 11.67$、$C_d = \dfrac{(D_{30})^2}{D_{60} \cdot D_{10}} = \dfrac{(0.18)^2}{0.7(0.06)} = 0.77$，可知此級配

$C_u > 9$，粒徑尺寸大小分佈廣、惟 $C_d < 1$，整體顆粒偏小，缺乏中型顆

粒，是爲不良級配。另粒徑分佈曲線中 D_{50} 稱爲「平均粒徑」，本例

說約爲 0.35mm，併予敘明。

5-12　土壤剪力強度的應用、來源與經典公式

1. 土壤作爲工程材料，其破壞模式屬剪力控制，亦即力學分析上以切面法取任意自由體圖分析內力，其錯動面上的剪力應在容許值內，此稱爲「擬靜態分析」。以下舉出一例：某樣本經實驗得土壤剪應力強度爲 τ_f，試評估圖一中新建房子是否安全？

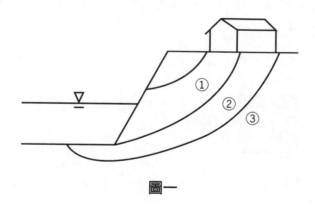

圖一

2. 爲此，我們可自行假設臨界錯動面①、②、③，並各自繪其 *FBD*，如此便有圖二所示之「坡面滑動分析」、「坡趾滑動分析」及「坡底滑動分析」。就類似於工力摩擦力篇之滑塊分析，T 爲驅動力，$\tau_f \cdot \ell$ 爲最大靜摩擦力，如若 $\tau_f \cdot \ell > T$ 則安全。

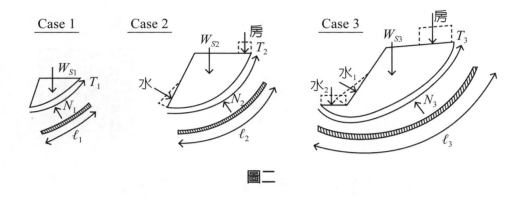

圖二

3. 微觀而言，土壤之剪力強度來源可分為粗顆粒（砂或礫石）及細顆粒（黏土或粉土）討論。今有一粗顆粒樣本受壓後發生剪力破壞如圖三，觀察其剪力錯動面可知係為顆粒間之摩擦力（如①及③）或嵌合力（如①③對②）不足所致；現改以細顆粒進行相同實驗，如圖四可發現破壞面較平順，此係因細料之剪力強度來自於電化力，就材料性質來說有較佳的等向性和均質性。

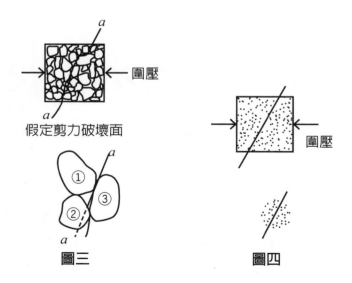

4. 經實驗可知，粗顆粒若於水平方向給予較大的壓力（稱圍壓），則剪力強度亦會上升，此因較高圍壓使粒間正交應力上升，摩擦力自也上升，故 τ_f 令為 $\sigma \cdot \tan\phi$；至於細顆粒之剪力強度似與圍壓大小無關，可令 $\tau_f = c$，此常數 c 值稱凝聚力。綜上，因土壤多為粗、細顆粒的混合物，故可寫為 $\tau_f = \sigma \cdot \tan\phi + c$，此即為表達土壤剪力強度的經典公式。

5-13 三軸壓縮試驗求定土壤樣本之剪力強度 τ_f 包絡線（上）

1. 如前節所述 τ_f 可表為 $\sigma \cdot \tan\phi + c$，在現實世界中 σ 為一變數，譬如愈深的地底有愈高土壓，故 τ_f 也愈高，故所謂土壤之剪力強度須參考現地因素，但我們能先將 ϕ 與 c 測定，此二值稱「土壤的剪力強度參數」，屬材料性質，可事先以實驗進行測定。

2. 自現地取一土壤樣本進行「三軸壓縮試驗」，步驟如圖一所示。第一步，將土壤樣本作成圓柱試體期使圍壓及軸壓均勻分佈；第二步上圍壓，亦稱旁束壓力，此時試體各方向承受均勻壓力令為 σ_3；第三步上軸差壓力 $\Delta\sigma$，此值由零漸增；第四步，當 $\Delta\sigma$ 無法再增加時視同試體發生剪力破壞，記錄其破壞面與平面之夾角 α_f 及軸向壓力 σ_1。

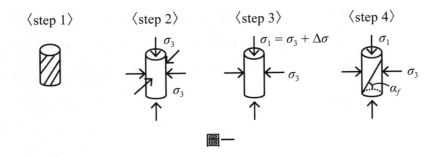

圖一

3. 現將此樣本正中之材料點取出分析其應力態及莫爾圓，注意此處之正向應力以壓力為正，平面方向由 τ 軸起算向逆時鐘方向旋轉。步驟一時材料點未承受應力；步驟二受均勻應力 σ_3，莫爾圓為一點；步驟三在軸向有 $\Delta\sigma_t$ 逐漸增加，莫爾圓之直徑亦逐漸增加，譬如 t_1 時軸向壓力有 $\sigma_{t1} = \sigma_3 + \Delta\sigma_{t1}$；步驟四，當試體破壞時，莫爾圓便告發展完成，可證在 (σ, τ) 上以 σ_3 為中心由 σ 軸方向逆時針轉 α 之方向線交莫爾圓所得之 (σ_f, τ_f) 點，該 τ_f 即此試體破壞面上之剪應力！

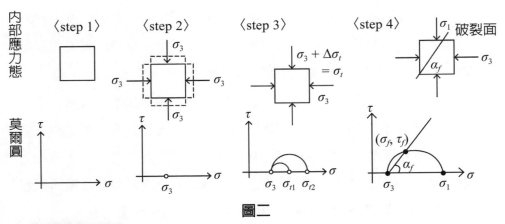

圖二

5-14 三軸壓縮試驗求定土壤樣本之剪力強度τ_f包絡線（下）

1. 一次三軸壓縮試驗可生成一莫爾圓，考慮透過改變圍壓進行多次試驗如圖一所示，並將各破壞點連線形成一包絡線，再想像若實驗進行無數次，則此線將接近真實情形如圖二，當土體中應力分析任一材料點之任一平面之 (σ, τ) 落於破壞區時，土體將發生剪力破壞。

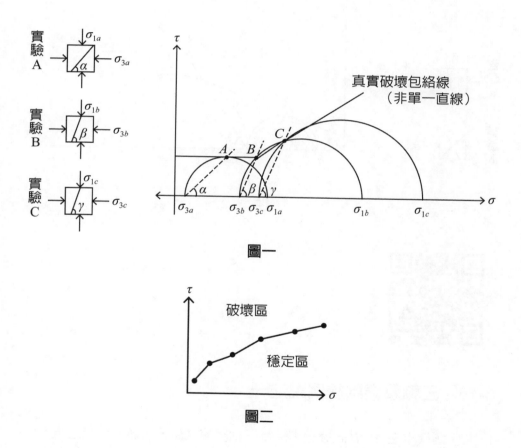

圖一

圖二

2. 然而，實務上，試體上破壞平面並非一直線，也不易觀察，礙於實驗器材之物理原因，有用的觀測值僅有圍壓 σ_3 及軸壓 σ_1 而已！故我們對

試體進行二次三軸壓縮試驗得兩個莫爾圓，接著取其外公切線作為近似之包絡線如圖三所示。

3. 此線即 $\tau_f = \sigma \cdot \tan\phi + c$ 之型式，在卡氏坐標系中，給任二點坐標可推其直線方程式，三軸壓縮試驗之二次數據點亦可推得 ϕ 及 c，ϕ 稱內摩擦角（斜率），c 為凝聚力（截距）。

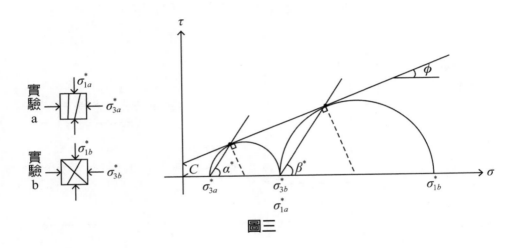

圖三

5-15　三軸壓縮試驗例說之一

1. 某土壤樣本之 A、B 試體分別進行三軸壓縮試驗，試體破壞時之應力態如圖一所示，若已知現地某臨界應力態 m 如圖二，試分析該土體是否穩定？

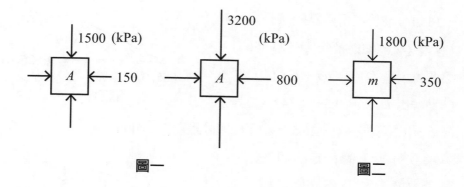

圖一　　　　　　　　　　圖二

2. 我們將 A 及 B 兩應力態展繪成莫爾圓，再繪公切線即破壞包絡線如圖三所示，然後再將 m 應力態代表的莫爾圓（如虛線）繪於圖中視之是否與包絡線相交，若無即可判定土體穩定，此即圖解法。

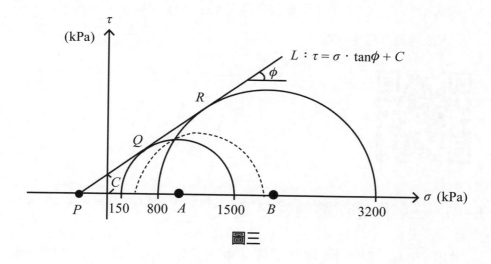

圖三

3. 然而，若要求解出精確解，該如何進行？敘述如下：首先，A、B 兩點坐標為 $A(825, 0)$、$B(2000, 0)$，而 $\overline{AQ} = 675$、$\overline{BR} = 1200$；第二步，因 $\triangle PQA$ 相似於 $\triangle PRB$，故 $\overline{PA} : \overline{AB} = 9 : 7$，以外分點公式得 $P(-685, 0)$；第三步，此時之 $\triangle PQA$ 如圖四，可利用畢氏定理解得 $\overline{PQ}$

= 1350，接著使用兩點距離公式計算 $\overline{PQ}$ 及 $\overline{QA}$，便能解出 $Q(523, 603)$；第四步，令 $L：\tau = a\sigma + b$，代入 P 及 Q 點解出 $L：\tau = 0.5\sigma + 342.5$，其中

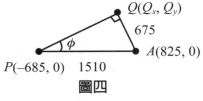

圖四

$\tan\phi = 0.5$ 可推得 $\phi = 26.57°$，而 C 即截距為 342.5kPa。

4. 本題欲分析土體穩定，可先將應力態 m 之莫爾圓圓心標上坐標 $M(1075, 0)$ 如圖五，從圖可推得 $\overline{PM} = 1760$ 因 $\phi = 26.57°$，故 $\overline{MS} = 1760 \cdot$

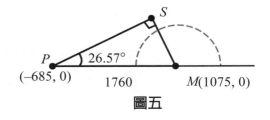

圖五

$\sin 26.57° = 787.2$，而此莫爾圓半徑為 $725 < \overline{MS}$，可知不會與包絡線相切，土體應為穩定狀態。

5-16　三軸壓縮試驗例說之二

1. 考慮一砂土在相同孔隙比下做了兩次三軸壓密試驗，其圍壓分別為 150kPa、600kPa。在試體破壞時，其軸差應力分別為 500kPa 與 2550kPa。請依此條件畫出兩試體破壞時的莫爾圓，並決定此砂土之剪力強度參數。

2. 首先，本題為砂土屬粗顆粒，故 $c = 0$；第二步，依題示繪兩莫爾圓如圖一所示；第三步，繪破壞包絡線，理論上應求兩圓之外公切線，但

已知截距爲零，故改以從原點發出繪兩圓之切線，如此便會有兩個不同的內摩擦角 ϕ_a 及 ϕ_b；第四步，分別爲 L_a 及 L_b 寫出直線方程式，其對應之直角三角形如圖二所示，因此種場合 $c = 0$，無須再解切點坐標 (a_x, a_y) 及 (b_x, b_y)，可逕以 $\sin\phi_a = \dfrac{250}{400}$ 及 $\sin\phi_b = \dfrac{1275}{1875}$ 解得 $\phi_a = 38.68°$ 及 $\phi_b = 42.84°$。

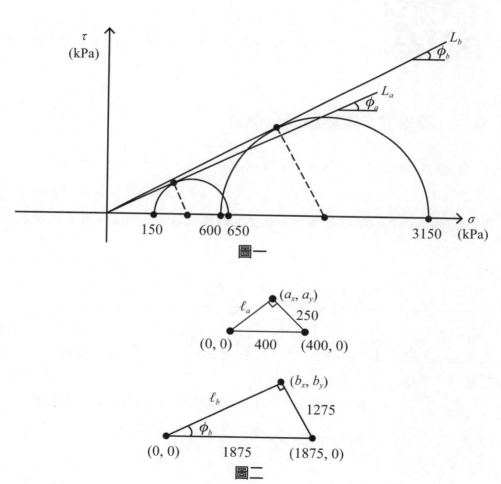

圖一

圖二

3. 本題之 ϕ 值有二個，應如何擬答？最合理之答案應爲「視現地土體應

　　力分析而定,圍壓為 150～650kPa,ϕ 值為 38.68°～42.84°,以內插法得實際應用 ϕ 值」,但在考試中可寫「因 ϕ 值愈小愈保守,故建議此砂土採用 ϕ 值為 38.68°」。

5-17　直接剪力試驗原理及例說

1. 直接剪力試驗是另一個測定 c 及 ϕ 值的實驗,作法如右:首先,將土壤樣本置入剪力盒中如圖一所示,接著施予正向力 N 至預定值後開始施予側壓 ΔT,ΔT 由零漸增,及至土體發生錯動,記錄 N 及 T 值便告完成。

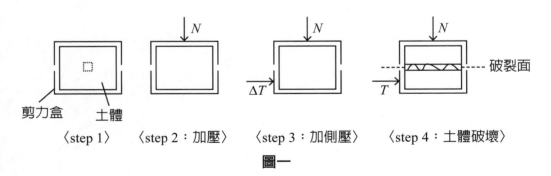

〈step 1〉　　〈step 2:加壓〉　　〈step 3:加側壓〉　　〈step 4:土體破壞〉

圖一

2. 因受壓及受剪面積爲 A，故可推算
$\sigma = \dfrac{N}{A}$，$\tau = \dfrac{T}{A}$，將之標定於 $\langle \sigma, \tau \rangle$ 上即
得實驗 1 之數據點 Z_1，如此反覆進行得
Z_2、Z_3、Z_4⋯便可得出眞實土體破壞包
絡線，如圖二所示，我們亦可將之迴歸
成一斜直線得 c 及 ϕ 值。

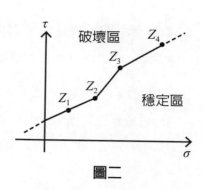

圖二

3. 以下舉出一例：某直剪試驗得數據如圖三，試求此土體之 ϕ 及 c 爲何？
如已知現地某土體受圍壓爲 250kN/m^2，則該土體可承受最大軸壓爲
何？

編號	$\sigma(\text{kN/m}^2)$	$\tau(\text{kN/m}^2)$
1	200	113
2	300	141
3	400	167

圖三

4. 首先，自行依比例尺展繪 $\langle \sigma, \tau \rangle$ 並標定 Z_1、Z_2 及 Z_3 爲 (200, 113)、(300,
141) 及 (400, 167)，接著求此三點之迴歸線方程式，然而，迴歸的數學
較複雜，建議使用平均斜率法即可，Z_1Z_2 段之斜率爲 0.28，Z_2Z_3 段爲
0.26，故令直線斜率爲 0.27，方程式 $L：\tau = 0.27\sigma + c$，將 Z_2 代入得 $c =$
60，而 $\phi = \tan^{-1}0.27 = 15.11°$ 即爲所求。

5. 依題意現地土體有 $\sigma_3 = 250\text{kPa}$，令其向右發展成一與 L 相切之莫爾圓如圖四，以 $\tau = 0$ 代入 L 得 $P(-222.2, 0)$，再由 $\triangle PQT$ 列式有 $\sin 15.11°$ $= \dfrac{r}{472.2+r}$ 得 $r = 166.5$，故土體可承受最大軸壓 $\sigma_1 = 250 + 2 \cdot r = 583\text{kN/m}^2$ 即為所求。

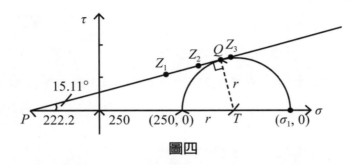

圖四

第6章
測量學

問一：請以文字配合圖形解釋經緯儀指標差發生之原因與消除方法。水平角與垂直角是否均有指標差？並請以計算公式說明指標差與度盤刻劃方式及零點方向之關係。雷射掃描儀是否有指標差的問題？

答：

（一）以天頂距式縱角度盤為例：

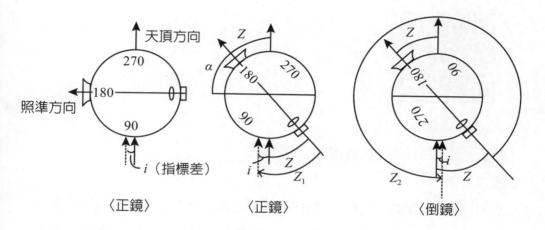

〈正鏡〉　　　　　〈正鏡〉　　　　　〈倒鏡〉

當儀器正鏡照準目標時，$Z_1 = Z + i$，

當儀器倒鏡照準目標時，$Z_2 = 360° - Z + i$，

聯立上二式得：$Z = \dfrac{Z_1 - Z_2}{2} + 180°$ — (a)

$$i = \dfrac{Z_1 + Z_2}{2} - 180° \ (可觀察若 i = 0，則 Z = Z_1 = 360° - Z_2)$$

又知 $\alpha + Z = 90°$，即 $Z = 90° - \alpha$

如此 (a) 式可有 $90° - \alpha = \dfrac{Z_1 - Z_2}{2} + 180° = \dfrac{(Z+i) - (360° - Z + i)}{2} + 180° = Z$

可知正倒鏡取平均可消除指標差得天頂距 Z，此時 $\alpha = 90° - Z$ 之 α 無指標差影響

（二）經緯儀指標差是指度盤和讀數指標間有一定對應關係，例如某數值

必代表某固定方向，若此對應關係存在誤差，則所有讀數便會存有指標差，縱角度盤之水平方向，若為天頂距式應有讀數 90°，故縱角會有指標差。至於水平角度盤並無某一特定方向必然為某值，觀測者可使任意方向之對應的水平度盤讀數為任意值，故水平角不存在指標差！

問二：雷射掃描儀是否有指標差的問題？

答：

（一）「地面雷射掃描儀」的構造主要是由雷射測距儀加上等角速度掃描的反射稜鏡，其稜鏡可以依據掃描間距來設定水平與垂直方向角的角度增量。

（二）測距儀發射之雷射光接觸到物體表面的反射訊號被接收後，掃描儀可計算出儀器到地物點的距離值，並進一步利用該值配合水平及垂直掃描角推求每個掃描點相對於儀器自定義的測站三維坐標下的坐標值。

（三）理想上，物理空間上的參考方向必須與虛擬空間中三維坐標一軸重合，若不重合則將存在一組角度值之常差，對所有掃描角均有相同的影響量，因為此量對於水平角和垂直角各有其角度差，故存在指標差的問題。

問三：使用全測站經緯儀時，是否不須使用正倒鏡觀測？請具體說明正反
理由。

答：

（一）如圖，經緯儀結構上應有以下關係（水準軸不計）：

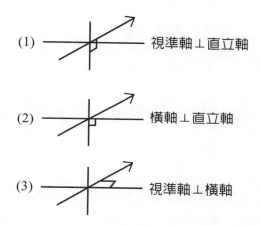

（1）　視準軸⊥直立軸

（2）　橫軸⊥直立軸

（3）　視準軸⊥橫軸

（二）目前全站儀針對上開不符合幾何關係所生之誤差，均有補償功能，
按補償之範圍區分，有單軸、雙軸及三軸等三種，對應之範圍如
下：

種類	(1)	(2)	(3)
單軸	○	×	×
雙軸	○	○	×
三軸	○	○	○

○：可消除誤差
×：不可消除誤差

（三）又因為 (2)(3) 所生誤差與水平角有關，故全站儀是否可免正倒鏡觀
測，又得視補償種類和觀測角之間是否配合！

種類	縱角	水平角
單軸	○	×
雙軸	○	×
三軸	○	○

○：可不必正倒鏡觀測
×：仍須正倒鏡觀測

（四）然而，因正倒鏡觀測還可消除視準軸偏心誤差，故亦有一派說法認
　　　為使用具補償器功能之全站儀，仍應進行正、倒鏡觀測！

問四：試說明 $\dfrac{1}{1,000}$ 比例尺地形測量時，採用已知點作為地形控制點之檢
　　　測方法。

答：

本題擬以「臺北市山坡地一千分之一數值地形圖地面測量作業規範」回
答，並假定地形導線點以電子測距經緯儀和電子水準儀為之。

（一）電子測距經緯儀：地形導線點平差計算應先實施單導線簡易平差計
　　　算，檢核成果無誤後再作導線網嚴密計算！

（1）單導線簡易平差計算：（N 為測站數）

種類	水平角閉合差	位置閉合差	高程閉合差
主導線	$\leq \sqrt{N} \cdot 20''$	$\dfrac{1}{5,000}$	$\leq \sqrt{N} \cdot 5\text{cm}$
次導線	$\leq \sqrt{N} \cdot 20'' + 30''$	$\dfrac{1}{3,000}$	$\leq \sqrt{N} \cdot 5\text{cm}$

（2）導線網嚴密平差

　　（a）平面坐標：

　　　　i.　網形平均多餘觀測數 ≥ 3

　　　　ii.　觀測值個別多餘觀測數 ≥ 2 為原則

iii. 自由網平差之後驗單位權中誤差在 0.9～1.1 間為原則

iv. 標準化改正數 ≤ 3 為原則

v. 角度觀測量改正數 ≤ 20″

vi. 距離觀測量改正數 ≤ ±2cm

(b) 高程坐標：檢查觀測之高程閉合差符合規定後，再依各導線長度調整權重，辦理地形導線點高程計算

（二）電子水準儀：計算往、返觀測及高程閉合差 $\leq \sqrt{K} \cdot 2cm$（K 為以公里計之測距距離，不足 1 公里以 1 公里計），再依各導線長度調整權重，辦理地形導線點高程計算。

問五： 試述雷射水準儀之原理與應用。

答：

（一）構造

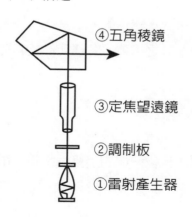

④五角稜鏡

③定焦望遠鏡

②調制板

①雷射產生器

雷射水準儀，由雷射產生器發射出垂直的雷射光，其光束先經過調制板到達定焦望遠鏡，再經過五角稜鏡轉折 90° 型呈水平光束射出。

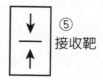

⑤接收靶

（二）原理

因雷射產生器使用重擺式自穩裝置，故其垂直光束可視為指向反重力方向，故最終射出之光束利用五角稜鏡之轉動，將形成一個具有物理意義的水平掃描面，使用時必須配合雷射接收靶，將靶安裝在標尺上，利用靶的上下移動便能測定掃描範圍內任意點的高程或檢測水平面！

（三）應用

雷射水準儀可以掃描出水平面、垂直面、傾斜面，利用光線在實物上顯像的特性，能快速建立大範圍的平面、立面、傾斜面，以作為施工或裝修的基準面。

此基準面的應用有機場、廣場、體育場之土方作業，地坪平整度檢測、牆裙水平線測設、大型場館網架吊裝定位等場合！

問六：經緯儀與水準儀的照準部分通常會使用望遠鏡系統，包含內、外調焦。請繪圖並配合文字說明儀器照準部分之構造，各部元件及其功能、以及相關儀器規格項目。

答：

（一）望遠鏡主要部件包含：

(1)透鏡組：至少有兩個單透鏡，其中對向目標一端的透鏡為物鏡，眼睛觀測之一端為目鏡。

(2) 十字絲：在物鏡和目鏡間置入一
刻有十字的分劃板，該十字中心
點即用以照準目標點。十字絲有
縱絲和橫絲，在橫絲的上下對稱
處各加刻一條短橫絲，稱上絲和
下絲，亦稱視距絲。如右圖所示。

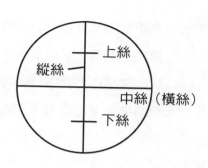

（二）外調焦望遠鏡

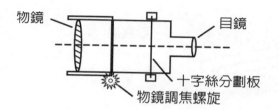

此種望遠鏡係利用物鏡調焦
螺旋移動物鏡使物體影像成
像於分劃板上，如左圖所示。

（三）內調焦望遠鏡

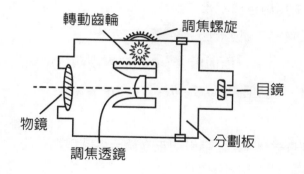

此種望遠鏡在物鏡和目鏡間
增加了一組調焦透鏡，當旋
轉調焦螺旋時，可使內部轉
動齒輪轉動並使調焦透鏡移
動，從而使物體影像成像在
分劃板上，如左圖所示。

問七：馬祖的東莒島與西莒島岸線間之最短距離約 3～4 公里，假設該兩個島並未建立高程系統，惟兩島間之大地起伏差值爲已知，今若在該兩個離島之間佈設一條海底電纜，而需要繪製包含兩島陸上地形及海域水深之地形圖，請繪圖及說明如何建立該張地形圖之高程系統。

答：

（一）假設陸上地形及海域水深之施測範圍如圖中矩形範圍：

（二）建立高程系統

(1) 在兩島岸線周遭電纜入海處附近擇定永久水準點如圖 A、B 二點。

(2) 於該二點實施 GPS 測量獲得平面坐標及幾何高 h_A、h_B。

(3) 因兩島之大地起伏值已知，故可內插出 A、B 點之大地起伏值 N_A 和 N_B，如此便可計算 A、B 點正高爲 $H_A = h_A - N_A$、$H_B = h_B - N_B$。

（三）建立地形圖

(1) 陸上地形圖可採水準測量自 A、B 二點引測正高值至各圖根點，後依地形測量相關作業辦理。

(2) 海域水深地形圖可採 GPS-RTK 測量結合測深儀之水深測量方式施測。於 A、B 點同時做爲基點設置接收儀成爲基準站，並將站上接收之衛星訊號即時傳送至船上的 GPS 接收儀，解得海上某未知點的平面坐標後再配合測深儀得該點海深推算高程值即可繪圖。

問八：某公司接受政府機關委託，擬測定一新開發區域之三維地形圖。該公司擁有先進的雙頻衛星定位接收儀，並申請使用內政部所提供之 eGNSS 衛星定位服務，可於現場快速取得待測點位之三維坐標數值。請說明 eGNSS 衛星定位服務之基本運作原理，並解釋該如何由上述即時測量直接獲得之三維坐標數值轉換為國家法定之坐標成果。

答：

（一）eGNSS 衛星定位服務之基本運作原理為架構於網際網路通訊及無線數據傳輸之衛星即時動態定位系統，內含五項技術為衛星定位、寬頻網路數據通訊、手機行動式數據傳輸、資料儲管及全球資訊網站。此五項技術之整合和實現方法是由三個以上事先建立之 GPS 參考基站，每天 24 小時每 1 秒之連續性衛星資料，經由網路通訊設備與控制中心連接，控制中心彙整資料後產生點位資料庫。使用者只需透過手機傳輸現地位置資訊予控制中心，控制中心便會在手機附近算出一個虛擬參考基站，如此手機便可根據該站進行公分級精度的即時動態定位。

（二）使用 eGNSS 所得之三維坐標數值並無法即時轉換為國家法定之坐標成果，尚須聯測已知控制點與計算坐標轉換再利用最小二乘配置方能進行轉換。但如使用者不在意精度流失，可依 eGNSS 要求之格式上傳坐標，系統將利用 RTCM3.1 Type 1021 及 Type 1023 之資料格式，經由坐標轉換七參數，殘差網格修正模型與網格內插計算等程序完成轉換，讓使用者在外業測量現場可即時得到法定坐標系統之成果，通常平面精度優於 5cm，高程精度優於 10cm。

問九：當代全測站經緯儀多具備單軸或雙軸補償功能，請分別說明此兩種
補償之原理與功能，包含角度測量時可以消除與無法消除之誤差。

答：

（一）不論是單或雙軸，其補償功能均係消除與直立軸有關的誤差，可有
以下：

　(1) 在視準軸方向的誤差分量，會影響垂直角觀測值，其誤差為定值。

　(2) 在橫軸方向的誤差分量，會影響水平角觀測值，其誤差值會隨觀測
方向改變。

（二）單軸補償

可消除上述（一）(1) 之誤差，構造
為「電容式單軸補償器」，如右圖
所示。原理為當直立軸傾斜時，將
引起氣泡移動，導致電容變化。利
用偵測其變化量推算傾斜量並對觀
測值進行補償。

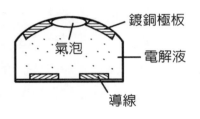

（三）雙軸補償

可除（一）(1) 及 (2) 之誤差，構造為「液體補償器」，如左下圖所
示。原理為①發射出紅外光經過②，會變成平行光線通過③到達④
而產生相應電壓，而③內之氣泡會阻擋紅外光到達④而產生陰影，
如右下圖所示，即當直立軸傾斜時，陰影亦隨之移動。當氣泡居中
時四組位移傳感器 ABCD 的電壓相同，反之，因傾斜而使氣泡不居
中時，根據 AC 和 BD 的電壓差，可推算出（一）(1)(2) 的誤差分
量，從而進行補償。

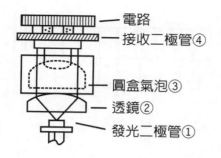

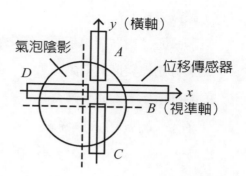

（四）單、雙軸不能補償與直立軸無關的系統誤差，例如視準軸誤差、視
　　　準軸偏心誤差、縱角指標差、定平誤差及度盤刻劃不均勻誤差等！

問十：各種測量儀器常使用「游標尺」原理來設計和製造儀器的讀數刻
　　　劃，俾能得到比最小刻劃更小的觀測值讀數，請繪圖說明游標尺原
　　　理。

答：

（一）基本構造：由度盤和游標組成，在相同的整長下，度盤有 N-1 格，
　　　每格長度為 M；游標則有 N 格，每格長度為 V，下圖為最小讀數為
　　　零時之配置。故依此構造應有 $M(N-1) = V(N)$ 之關係式 —— (a) 式

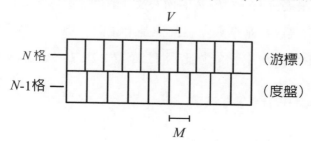

（二）讀數方式

假設游標由右端算起第 r 格之左邊分劃線與度盤刻劃線重合，如右圖所示，則此時應有

$r(V) + d = r(M)$ 之關係式

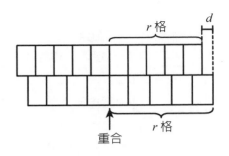

—— (b) 式

$\Rightarrow d = r \cdot (M - V)$

故只須讀出 r 之格數即可利用上式得最小長度 d，稱游標讀數，而最終讀數爲度盤讀數加上游標讀數。

（三）最小分劃

令 $r = 1$ 時，$d = M - V$ —— (b) 式

又 $MN - M = VN$ —— (a) 式

$\Rightarrow N(M - V) = M$

$\Rightarrow M - V = \dfrac{M}{N}$

故 $d = \dfrac{M}{N}$ 爲最小分劃

問十一：臺灣本島之陸上高程是以基隆港平均海水面當作高程基準，請說明臺灣本島附近海域之高程或水深之基準有哪些？並請說明不同水深基準之適用場合爲何？

答：

本題直接依適用場合爲「海岸結構物」及「航運」分述如下：

(1) 海岸結構物之高程基準與陸上高程基準相同，現「臺灣水準原點」位於基隆市中正區八斗子的北部濱海公路臺 2 線 70 公里處，可從該點引測。

(2) 就航運而言，「理論水深」是指瞬時海水面至海底的垂直距離，但此值隨時隨地變化，無法直接表現在海圖上，故須定義一個固定的水深測量基準面，該面之水深為零向下為正，如此便可將測得的水深統一換算至此基準面，並在海圖上標示。

所謂「水深基準面」並非全國統一，而是採用各處港口當地之最低低潮面，亦即大潮時退潮至最底的高程面（約 19 年為一週期）。如此定義的主要原因是考慮船隻入港時的安全，確保實際水深大於海圖上標示的水深，可避免船隻發生擱淺事故。

因為海圖上標示的水深過於保守，會使船隻誤認水淺無法通行，減損港口經濟價值，故多半港口會隨時觀測「當地當時」的潮高，而潮高被定義為瞬時海水面高於水深基準面的垂直距離，如此各船舶便可以水深加上潮高，了解目前是否可安全入港！

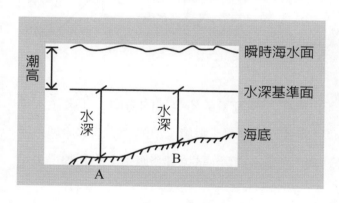

問十二：自動水準儀定平時，若視線仍有 1′ 的誤差，請問在 30m 外的水準尺上，將會有多大讀數誤差？以 Leica NA720 系列的自動水準儀為例，其圓盒水準器的靈敏度為 10′/2mm，但儀器規格也說明每次設定水平時，都可以保持視線 0.5′ 以下的水平精度。依照此水準器的規格，請說明為何在水準測量作業時，仍能保持視線足夠的水平精度？

答：

（一）

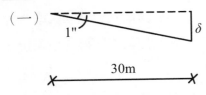

以下偏爲例如左圖，

則 $\delta = \left(1 \cdot \dfrac{1}{206265}\right) \cdot 30 = 0.00087m$

$\approx 0.87mm$

（二）因自動水準儀配有補正器如下圖所示，依本題之型號，當儀器在圓盒氣泡居中，即傾斜角在 ±10′ 範圍內時，補正器會調整標尺影像的折射路徑，使十字絲橫絲與能對準傾斜角在 ±0.5′ 內之視線，進而保持視線足夠的水平精度！

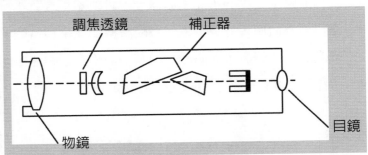

調焦透鏡　補正器

目鏡

物鏡

問十三：「電子化」與「自動化」是測量儀器發展的方向，「數值水準儀」日漸成爲常用儀器，請說明「數值水準儀」的基本原理，並就「數值水準儀」與「光學水準儀」試述實務應用上的利弊得失。

答：

（一）

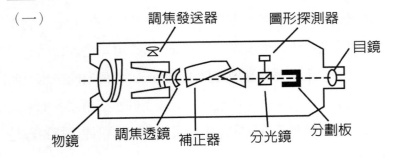

調焦發送器　　　圖形探測器

目鏡

物鏡　　調焦透鏡　補正器　　分光鏡　　分劃板

　　數值水準儀可自動調焦及讀數，其構造如上圖所示（另儀器本體尚有圓盒水準器等），其原理為當圓盒水準器氣泡居中且望遠鏡照準條碼標尺時，調焦發送器會自動視影像調整焦距使其清晰，接著標尺影像進入補正器導平視線，到達分光鏡後分作二路，一路進入十字絲分劃板成像供觀測者觀察是否有照到標尺，另一路則轉向圖形探測器。

　　圖形探測器是由 256 個光電二級管組成的陣列構造，影像在此會被分解成 16×16 像素並轉換為電子訊號，稱為參考圖像，接著與預存在儀器中的標準圖像進行比對，便可得知該影像所代表數值！

（二）以下表分析利弊得失：

儀器	優點	缺點
光學水準儀	(1) 方便輕巧 (2) 價格低廉 (3) 無電源需求	(1) 觀測者需自行讀數、記錄及計算高程 (2) 無法避免因人為操作所生的誤差
數值水準儀	(1) 可自動讀數、記錄及高差計算 (2) 必要時也可當作光學水準儀使用 (3) 可直接設定測量等級	(1) 重量較者 (2) 價格昂貴 (3) 需準備電源 (4) 電子設備易受潮，保養不易 (5) 條碼標尺需另購

問十四：數值水準儀自動讀取水準尺時，若精確照準條碼水準尺下，仍出現訊號微弱，無法讀取之訊息時，可能原因有哪些？

答：

（一）讀數原理：

在參考圖像與標準圖像比對時，爲能正確讀數，須考慮二個因素：

(1) 參考圖像大小是否與標準圖像相同，此與視距值 d 有關。

(2) 參考圖像是否與標準圖像吻合，此與標尺底部至中絲影像刻劃處距離值 h（即標尺讀數）有關。

因「圖像比對」是基於某演算法所進行的自動運算，爲減少自動讀數的時間，儀器會先透過調焦發送器得到物鏡調焦量，並利用此量粗估視距值 d'，如此便可先捨棄預存的標準圖像約 80%，接著再針對剩餘的20%圖像進行精確比對，最後得到視距值 d 及標尺讀數 h。

（二）數值水準儀無法讀數時，可能原因有：

(1) 條碼標尺尺面刻劃破損，導致參考圖像無法在標準圖像中比對出來。

(2) 條碼標尺亮度不足或過亮，導致標尺影像在圖形探測器中無法轉換成參考圖像。

(3) 圖形探測器或電子部件受損。

(4) 標尺距離過近或過遠。

問十五：試說明以不規則三角網法（TIN）與規則格點法（Grid）表示數
值地形模型（DTM）的內涵及優、缺點。

答：

（一）不規則三角網法（TIN）

內涵：從地形圖上某特定已知點開始，在鄰近
範圍內依演算法尋找一個「最適點」形
成第一個邊，然後再以該邊尋找下一個
最適點與此邊構成第一個三角形，依此
反覆操作直到所有點位均納入三角網。

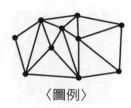

〈圖例〉

優點：(1) 直接使用已知點，無須內插，演算速度快。

(2) 資料最小。

(3) 極值點如山頂位置得到保留，較能真實反映地形的特徵
部分，且邊界明確。

缺點：(1) 資料結構複雜，不易與其他 DTM 統合。

(2) 演算法不同，產生的 DTM 也不同。

(3) 不易與影像資料貼合（因照片通常為矩形）。

（二）規則格點法（Grid）

內涵：先將測區依平面坐標兩正交軸取成
如圖例之等間隔矩形網格，再依已知
點的高程內插出各網格點之推估高程
值，如此便形成以矩陣網格表現地形
的 DTM。

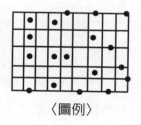

〈圖例〉

優點：(1) 資料結構簡單，易與其他 DTM 統合。

(2) 易與影像資料貼合。

(3) 如網格夠小，則可充分使用已知點資料（但運算時間顯

著增加）。

缺點：(1) 需要反覆內差，演算速度慢。

　　　(2) 邊界極容易失眞。

　　　(3) 資料量大。

問十六：爲了內插地形圖上的等高線來獲得此區的 DTM，工程師使用 TIN 的方法來內插，並且爲了提高內插成果的精度，在地形圖上逐條數化等高線的時候，特地縮短相鄰兩點的間距而數化得到密集點群，並檢查數化得到的每一條等高線上的密點群的三維地面坐標，確認無大錯，檢查全部的數據計算均確認無誤，可是內插得到 DTM 呈現的地貌卻跟原圖等高線呈現的地貌趨勢面不同，發覺 DTM 是錯的，請繪圖說明其原因。

答：

　　在等高線上取數值點並形成 TIN 的問題在於忽略了等高線之間的寬窄亦有其意義（與坡度有關），故失眞的具體態樣有以下三種：

(1) 三角格內有不規則形狀的等高線：格內之虛線依 TIN 應爲固定坡度，但依地形圖卻有所變化。

(2) 三角格邊界上有等高線穿過：同上，此三角格由不同高程值之數值點組成，其平面上任兩點之連線應有坡度，但若取等高線上之沿線點則坡度爲零，不合理。

(3) 由相同高程值之數值點組成的三角格：此三角格內任兩點之連線坡度為零，但在地形圖上可發現該虛線之坡度必不為零，不合理。

　　綜合以上，此三種態樣都會導致 TIN 所模擬的地形對真實地形產生削平或填平的效果，再加之此三態樣與 TIN 的選點和加密無關，故無法避免如題目所述「DTM 呈現的地貌與原圖等高線呈現的地貌趨勢面不同」的結果。

問十七：使用一部自動水平儀，觀測前應先確認其自動水平補償器運作正常。在不搬站之前提下，於測量現場，請提出一個確認該補償器運作正常之程序。

答：

（一）現場佈置儀器如下圖，在平坦地面選定相距約 50～100m 之 A、B 二點豎立標尺，將水準儀整置在二點連線之中點，並使圖中 1.2 腳螺旋中心連線垂直二點連線（約略即可）。

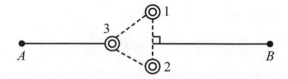

（二）程序說明如下：

(1) 調腳螺旋使圓盒水準器之氣泡居中，此時補償器應可正常運作。

(2) 照準兩標尺讀數觀測得 Δh_{AB}。

(3) 升高第三號腳螺旋使氣泡相切於圓圈刻劃處如圖。

(4) 測得 Δh_{AB1}。

(5) 恢復氣泡居中,再改以降低方式測得 Δh_{AB2}。

(6) 若 Δh_{AB} 與 Δh_{AB1} 或 Δh_{AB2} 之差異量大於 5mm 則補償器故障,應進廠維修,若小於 5mm,則將水準儀重新定平,將 3 號腳螺旋位置改為 1 號再檢查差異量並判斷是否補償器故障。

(7) 基於復覈,可再將 1 號改為 2 號再次檢查。

(8) 若本程序之差異量約小於 5mm,則補償器運作正常!

（右上圖標示）刻劃

（右上圖標示）氣泡

問十八:試列舉三種數值高程模型(DEM:Digital Elevation Model)資料產製方法及作業原理,並分別針對三種方法進行精度、速度、成本及應用範圍之比較。

答:

(一)數值高程模型係指對測區立體空間中各點位加以三維坐標值並成為可直觀理解之視覺化立體圖像,其產製方法分下列三種:

(1) 地面數值地形測量

利用全站儀,於實地依地形、地物變化處及考慮業主需求選點,並對各點測量定位所需之斜距、縱角、水平角、儀器高及稜鏡高等觀測值,再依觀測值進行改正、平差、坐標計算,最後逐點輸入坐標值產製 DEM 成果。

(2) 空載光達測量

此技術稱「空載雷射掃瞄系統」，為整合雷射測距，光學掃描、全球定位系統及慣性導航系統等技術，快速獲得掃瞄點的三維瞬時坐標，其原理為利用近紅外光之脈衝雷射進行掃瞄，接收目標物多重反射訊號進行測距，飛行載體以 DGPS 精密動態定位，並利用 IMU 獲取姿態參數後即可推算測點群之三維坐標值，進一步產製 DEM 成果。

(3) 干涉合成孔徑雷達測量

即 InSAR，是一種應用於測繪及遙感的雷達技術，藉由飛機或衛星向地面發射不間斷的雷達波，再收集於地面反射回的訊號，該訊號多為影像型式，再將之進行幾何校正及差分干涉處理，即可得到某時間間隔內因衛地距離改變而生之相位差，經解算該差後便能從中汲取地表各點之三維空間坐標，進而產製 DEM 成果。

（二）三種方法之精度、速度、成本及應用範圍之比較

方法	精度	速度	成本	應用範圍
地面數值地形測量	公分級	慢	測區愈大，人力成本愈高	適合小區域且需真人實地會勘者
空載光達測量	公分至公寸級（視航高而定）	中	中	適合城鎮區域大小者，例如城市 3D 建模、地層下陷範圍探勘、海岸線變形、土石流潛勢溪流影響範圍等
干涉合成孔徑雷達測量	公分級	快	低	適合國土區域大小者，可規劃作為間隔時間較長的地貌改變研究，例如國土變異、水壩集水區變異等

問十九：請設計一個程序以檢定經緯儀盤面水準管的靈敏度。

答：

以下程序需確定縱角為零時視準軸為完全水平，且視準軸與水準軸相互平行時方能執行，說明如下：

(1)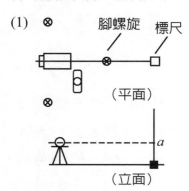
經緯儀對準某一腳螺旋方向，在該方向距離 D 處豎立標尺，令水平及縱角度盤均歸零，此時盤面水準管氣泡居中，讀得標尺讀數為 a。

(2)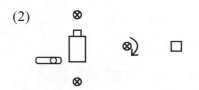
平轉經緯儀使水平度盤於 $90°00'00''$ 刻劃處，此時盤面水準管朝向標尺，旋轉腳螺旋使氣泡向標尺方向偏移 N 格。

(3)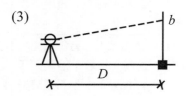
再平轉經緯儀恢復步驟 (1)，此時視準軸會因儀器未定平而上偏，讀得標尺讀數為 b。

(4) 水準管靈敏度可依右式計算：$\gamma'' = P'' \times \dfrac{b-a}{D} \cdot \dfrac{1}{N}$。

問二十：某測量公司擬運用具有遠端操控功能的全測站，以單人操作方式進行地形測量。在採購 Robotic 型全測站時，以下各項全測站功能或架構中，請挑選那些規格是有別於一般全測站，而特別可以滿足前項單人操作的需求，並說明其理由。

規格有以下七項：(1) 自動尋標及定位瞄準、(2) 踵定螺旋、(3) 伺服馬達驅動、(4) 遠端定位處理器、(5) 電子測距、(6) 無線傳輸、(7) 圓盒水準器。

答：

(1) 所謂單人操作，係指將全測站整置在某已知點，測量員持稜鏡在各未知點間移動，該員在稜鏡站按下測距按鈕後，全測站便開始自動尋找稜鏡，如此便省去一員在儀器端照準稜鏡之工作。

(2) 具有遠端操控的儀器功能及原理，依施測流程接續上點說明如下：

① 全測站發出電波，此電波為無方向性，稜鏡的「遠端定位處理器」接收到電波後會反射回波。

② 全測站收到回波後即啟動「自動尋標」功能，此時「伺服馬達驅動」自動將望遠鏡旋轉至稜鏡大略方向。

③ 接著全測站會對稜鏡方向發射測距電磁波，並經由稜鏡反射回全測站，此時儀器啟動「定位瞄準」功能，找出反射波最強的方向，精確辨識稜鏡中心後自動測距。

④ 測距完成後，儀器將以「無線傳輸」功能將觀測值傳送予測量員，該員便知可移動至下一測點！

(3) 結論：從上可知，該公司應採購有 (1)(3)(4)(6) 項規格的儀器。

問二十一：距離測量中，「海平面化算」之改正原因與目的為何？又如何進行？本項改正與橢球面的關聯為何？並請以相對精度為規範要求探討改正量之顯著程度。請列舉假定地球為一圓球時之化算公式，並以文字配合圖形說明。

答：

（一）在精密距離測量中，為使不同高程下有一共同標準比較長短，須將測得距離化算至作為共同基準面上，習慣上以平均海水面作為該共同基準面。

（二）進行方式為觀測兩點斜距並進行傾斜改正等後，再加上海平面化算的化算值 $-S \times \dfrac{H_m}{R}$，其中 S 為斜距，H_m 為兩點平均高程，R 為地球半徑。

（三）理論上基準面應為純粹幾何意義，故應以橢球面為之較合理，但臺灣地區的大地起伏值約 18～28 公尺，與地球半徑 6370 公里比之幾可忽略，亦即使用平均海水面作為基準面尚可接受，且若在兩點正高已知下，化算甚為便利！

（四）設地球為半徑 6370 公里之圓球時，相對精度為 $\dfrac{\left| -S \times \dfrac{H_m}{R} \right|}{S} = \dfrac{H_m}{6370}$，可看出相對精度與測距無關，而兩點海拔之平均高度愈大，精度愈差，若精密距離測量要求精度須達 $\dfrac{1}{50000}$ 時，則可推算 $H_m \geq 127.4\text{m}$ 時必須海平面化算！

（五）公式推導如下：

下圖 A、B 為地表面上二點，分別有已知高程 H_A 及 H_B，今觀測 AB 斜距 S，試將其化算為海平面上之 ℓ。

(1) △ *ABO* 有

$$\cos\theta = \frac{(H_A+R)^2+(H_B+R)^2-S^2}{2(H_A+R)(H_B+R)} \; ;$$

△ *A'B'O* 有 $\cos\theta = \dfrac{R^2+R^2-\ell^2}{2R\cdot R}$

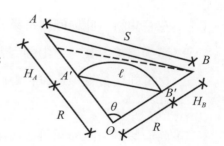

(2) 聯立上二式可得

$$\ell = S - \frac{(H_A-H_B)^2}{2S} - \frac{S\cdot(H_A+H_B)}{2R}$$

$$= S - \frac{\Delta h^2}{2S} - \frac{S\cdot H_m}{R}$$

(3) 上式中 $-\dfrac{\Delta h^2}{2S}$ 即傾斜改正，而 $-\dfrac{S\cdot H_m}{R}$ 即海平面化算公式

若須再化算至球面，

即 $\overline{A'B'}$ 推至 $\widehat{A'B'}=\ell'$，則由圖知…

$\begin{cases}\ell'=R\times\theta\\\ell=2\cdot\left(R\cdot\sin\dfrac{\theta}{2}\right)\end{cases}$，則聯立二式有 $\ell'\doteqdot\ell+\dfrac{\ell^3}{24R^2}$，其中 $\dfrac{\ell^3}{24R^2}$ 稱幾何改正式

問二十二：水準測量進行時若標尺傾斜，試就傾斜角度並自行引入必要之
影響因子，估算標尺讀數偏差量及討論如何減少因標尺傾斜所
產生之讀數偏差量？

答：

標尺傾斜有分成左右傾斜和前後傾斜兩種，分述如下：

（一）左右傾斜：此種傾斜不易直接估算偏差量，通常有以下兩種方式可減少偏差，其一、由觀測者利用十字絲之縱絲指示執標尺者使標尺之縱向與縱絲平行以利豎直；其二、可取標尺左右分劃讀數取平均值。

（二）前後傾斜：此種傾斜之偏差量可計算如下：

觀測者讀數為 d，實際讀數應為 $d\cos\theta$，

故偏差量 $\Delta d = d - d\cos\theta = d(1 - \cos\theta)$

設若 $\Delta d = 0.001\text{m}$、$d = 1.7\text{m}$（依一般人之身高），

則可推得 $\theta = 2°$，故只要傾斜角度 $< 2°$，

偏差量將小於 1mm，幾乎可忽略

減少此類偏差量可有以下四種方式：

(1) 標尺尺身上安裝圓盒水準器（30'/2mm）。

(2) 安裝尺架，減少持標尺者手持的晃動。

(3) 選在無風的天氣施測。

(4) 持標尺者「故意」前後晃動，由觀測者讀取最小值讀數。

問二十三：應用兩部 GPS 接收儀進行相對定位，可觀測計算得兩個點位間之基線，請說明基線的定義。若以多臺 GPS 接收儀進行多測站的 GPS 靜態網形測量時，何謂有意義的（Non-trivial）或獨立的（Independent）基線？若使用 n 部 GPS 接收儀，於 n

個測站同時進行觀測，可以成立多少個可能的基線？而這其中應該只有多少個有意義的基線？若將無意義的基線納入 GPS 基線網形平差，會有何不良的影響？

答：

(1) 以兩部 GPS 接收儀定位可得空間中兩點位之坐標值 (x_1, y_1, z_1)，及 (x_2, y_2, z_2)，則基線以向量表示為 $\overrightarrow{b_{12}} = (\Delta x_{12}, \Delta y_{12}, \Delta z_{12})$，此即基線之定義。

(2) 現以 3 臺 GPS 接收儀為例說明獨立基線。如圖所示，有 b_{12}、b_{23} 和 b_{31} 三條基線，並應存在閉合環之拘束條件 $\overrightarrow{b_{12}} + \overrightarrow{b_{23}} + \overrightarrow{b_{31}} = 0$，即各坐標軸之坐標差之間亦有拘束條件 $\Delta x_{12} + \Delta x_{23} + \Delta x_{31} = 0$；$\Delta y_{12} + \Delta y_{23} + \Delta y_{31} = 0$；$\Delta z_{12} + \Delta z_{23} + \Delta z_{31} = 0$，在此情況下，只要 $\overrightarrow{b_{12}}$、$\overrightarrow{b_{23}}$ 和 $\overrightarrow{b_{31}}$ 任選兩邊，便可透過拘束條件推導出另一條，而被選中的該兩邊即為「獨立基線」。

(3) n 臺 GPS 於 n 個測站同時觀測可有 n 個點位，任取 2 點即成一線，故應有 $C_2^n = \dfrac{1}{2}n(n-1)$ 條可能的基線，而其中獨立基線的數量為 $n-1$（例如上述例子，$n = 3$ 時有 $n - 1 = 2$ 條獨立基線）。

(4) 對於將無意義的基線納入 GPS 基線網形平差，該基線會分得改正值，使其他有意義的基線不能正確改正，使坐標值的精度下降！

問二十四：示意如圖，觀測 α 及 β 之後方交會中，已
知點 T_1、T_2、T_3 與未知點 P 共圓。現擬增
加觀測量以補強 P 點定位之精度。方案有
下列三者：（一）增測 $\angle T_1PT_3$，（二）增
測 $\overline{PT_2}$ 之距離，（三）增測 $\overline{PT_3}$ 之距離，
假設測角與測距精度相當，請比較三個方案何者最優？何者最
劣？

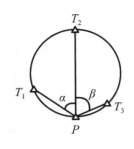

答：

(1) 測距時在距離方向上有最佳控制性如下圖虛線；而測角則在角平分線
上有最佳控制性。

（測距）　　　　　　　　（測角）

(2) 本題觀測 α 及 β，控制線如右圖所示，可知
整體控制性而言以縱向為主，若欲透過增
測觀測量增加精度，應考量補強橫向之控
制性，圖中①、②、③之點虛線為依題意
所繪成之三個方案的控制線，可看出第三
個方案在橫向之分量最大，故增測 $\overline{PT_3}$ 之
距離應為最優。

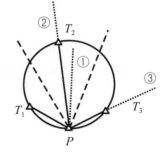

(3) 本題欲使用後方交會法，但 T_1、T_2 及 T_3 與
P 共圓，在數學上無法求解，以圖形說明，
意即 P 沿圓周向左或向右偏移完全不具有
控制性，又增測 $\overline{PT_2}$ 之距離，在 $\overleftrightarrow{PT_2}$ 之正

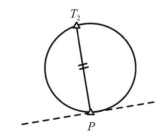

交方向亦完全不具控制性，又因 $\overline{PT_2}$ 接近此圓的直徑，故不具控制之方向尤如此圓過 P 點之切線，其方向與危險圓的本質性問題一致，故無法達到補強效果，是以，方案（二）增測 $\overline{PT_2}$ 距離應爲最劣！

問二十五：示意如圖，A、B 爲已知點，擬觀測距離 $\overline{AC}$ 及 $\overline{BC}$，以求 C 點坐標。假設二距離之中誤差相等，請回答下列問題：（一）分析 C 點坐標誤差之特性、（二）若加測水平角 θ，假設其精度與測距相當，除可提升自由度外，是否可改善 C 點定位之精度？試分析之。

答：

(1) 測距在測距方向控制性最佳，如圖（一）所示；而測角在該角的角平分線方向控制性最佳，如圖（二）所示。

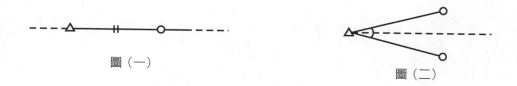

圖（一）　　　　　　　　　　　圖（二）

(2) 另外，平面測量時若兩控制（虛）線呈正交時最佳，而夾角愈小則愈差，本題 $\overline{AC}$ 與 $\overline{BC}$ 之測距，其控制線重疊，僅在橫向上具有控制性，若 C 點往縱向發生誤差量不易察覺，換言之，C 點在縱向的坐標

值精度差！

(3) 加測水平角 θ，其控制線朝縱向，恰好與測距之控制線正交，故可有效改善 C 點定位之精度！

問二十六：示意如圖，A、B、C 為已知點，且假設無誤差，於 P 點觀測距離 $\overline{PA}$，$\overline{PB}$，$\overline{PC}$ 以計算 P 點坐標，因幾何構形不良，P 點定位誤差大。現擬增加測角以提升 P 點定位精度。假設測角與測距精度相當，請分析：增測 α 或 β，何者為佳？

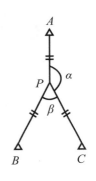

答：

(1) 測距在測距方向控制性最佳，如圖（一）所示；測角在該角的角平分線方向控制性最佳，如圖（二）所示。

圖（一）　　　　　　　　　　　　圖（二）

(2) 平面測量時若兩控制虛線呈正交時為最佳，夾角愈小則愈差，本題就量距觀之，控制線以縱向為主，故若擬增加測角，其控制線應儘量朝向橫向，下分兩方案繪控制線：

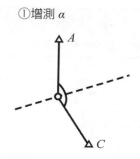

①增測 α

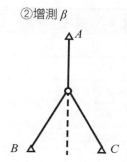

②增測 β

觀察兩圖可知增測 α 對橫向有較佳控制性，和原本三個測距所組成之圖形應較能提升 P 點精度。

問二十七：有一地區長寬均為約三十公里，擬以 GPS 進行三等控制測量，以獲取各點位之三維坐標。請就此案具體說明觀測規範、外業操作注意事項、計算方法、可達成精度、以及驗收方式。

答：

(1) 本題擬引用「臺北市三等 GPS 衛星控制點測量作業規定及精度規範」回答。

(2) 作業規定（即觀測規範）如下表：

項　目	作業規定
使用之星曆	精密星曆或廣播星曆
觀測時間（單位：分）	≧ 60
連續且同步觀測時間（單位：分）	≧ 45
資料記錄速率（單位：秒）	5
點位精度因子（PDOP）最大值	≦ 10
已知控制點個數	至少需選擇 3 個（含）以上檢測無誤，且適當分佈於測區外圍之平面控制點。
	至少需選擇 4 個（含）以上檢測無誤，且適當分佈於測區之高程控制點。
網形重覆觀測　新點重覆觀測率	≧ 20%
網形重覆觀測　已知高程控制點重覆觀測率	≧ 25%
網形重覆觀測　已知平面控制點重覆觀測率	≧ 10%
網形重覆觀測　不同時段共同測站數	≧ 2
網形重覆觀測　不同時段基線重覆觀測率	≧ 5%

(3) 外業操作注意事項

① 查驗點號並注意點位之地表條件無局部滑動之虞。

② 注意天線高度應足夠。

③ 對空仰角 10° 範圍內應保持通視。

④ 遠離廣播電臺、雷達站、微波站及其他電磁波源。

⑤ 避免可能造成多路徑影響的地點。

⑥ 按說明手冊操作並輸入各相關參數。

⑦ 完整填寫觀測記錄表、繪製點位圖資並拍照記錄。

⑧ 隨時留意 GPS 訊號強度及過程中是否符合上開規定。

(4) 計算方法可分爲以下 3 個步驟：

　　① 基線計算：計算網形中各基線向量。

　　② 網形平差：整合上開成果計算閉合差並對獨立基線予以改正達成各
　　　坐標值之平差，獲得各三等控制點之 WGS84 坐標。

　　③ 基準轉換：將各 WGS84 坐標換算爲 TWD97 坐標即爲最終成果。

(5) 可達成精度（基線計算精度）

項　　目	精度需求
閉合圈中之基線源自不同觀測時間數	≥ 3
閉合圈中獨立觀測之基線數	≥ 2
各閉合圈中之基線數	≤ 15
閉合圈總長度（單位：公里）	≤ 50
可剔除之基線數目占總獨立基線數目比例	$\leq 40\%$
各分量之平均閉合差（Δx，Δy，Δz）（單位：公分）	≤ 80
各分量之閉合差（Δx，Δy，Δz）對閉合圈總邊長之比數	$\leq 7.5 \times 10^{-6}$
全系各分量之平均閉合差（Δx，Δy，Δz）對閉合圈總邊長之比數	$\leq 5.5 \times 10^{-6}$
重複觀測基線（L：單一基線長度之公里數）分量之差值（單位：公厘）	水平分量：$\leq (30 + 6 \times 10^{-6}L)$ 垂直分量：$\leq (75 + 15 \times 10^{-6}L)$
邊長標準誤差（單位：公厘）	$\leq (15 + 3 \times 10^{-6}L)$
95% 信心區間（單位：公厘）	$\leq (30 + 6 \times 10^{-6}L)$

(6) 驗收方式：以書面驗收爲主，但必要時可赴實地複測，驗收重點如下：

　　① 查驗觀測記錄表是否填妥完整並符合作業規定。

　　② 坐標成果是否有明顯錯誤。

　　③ 抽驗坐標成果是否符合精度需求。

　　④ 其他契約上要求的相關測量資料如
　　　現地照片、測量日誌、測量計畫書等文件。

問二十八：e-GNSS 為內政部國土測繪中心建構之高精度之電子化全球衛星即時動態定位系統名稱，可提供即時性衛星動態定位服務。臺灣地區因位處地殼變動劇烈地帶，且區域性地表位移量各地均有明顯差異，也因此造成各基準間坐標精度已不敷進行相關資料解算。配合內政部於 101 年 3 月 30 日公布 TWD97 [2010] 坐標系統，e-GNSS 動態坐標系統仍以其為起算基準，並儘量達到兩套坐標系統間之最大相關性，約制在國土測繪中心基準站三維空間坐標，解算各基準站 e-GNSS [2015] 精密坐標。至於澎湖金門及馬祖地區維持原 TWD97 [1997] 坐標框架，不予變更。今若，以 e-GNSS 服務測量某一區域一群既有監測點之坐標，該批監測點前期測量為根據 e-GNSS 以外之坐標系統。若擬套合前期坐標，請問應如何進行？並請就參數意義比較不同數學轉換模式之優缺點。

答：

(1) 現有之坐標系統採用的橢球體不同，故同點位之坐標值亦有差異，如 e-GNSS 使用 WGS84、TWD97 使用 GRS80、TWD67 使用 GRS67。是以，若監測點使用 TWD97 或 TWD67 框架則須先坐標轉換方能為 e-GNSS 所用。

(2) 現以 TWD67 轉至 eGNSS 說明，分作以下兩種方法：

① 直接法：如下圖所示，四參數指轉換前後之 X-Y 軸正交且長度比例相同；而六參數則是指 X-Y 軸非正交且長度比例不同。

TWD67　　——————————→　　eGNSS
（平面坐標）　　四參數法（有 2 個共同點）　　（平面坐標）
　　　　　　　　六參數法（有 3 個共同點）

② 間接法：如下圖所示，七參數又稱三維正形坐標轉換，轉換前後

X-Y-Z 軸正交但長度比例不同

TWD67　　　　GRS67　　　　GRS67　　　　GRS84　　　　GRS84　　　　eGNSS
（平面坐標）→（地理坐標）→（地心坐標）→（地心坐標）→（地理坐標）→（平面坐標）

七參數法

(3) 從以上可知，直接法屬於平面的坐標轉換，其轉換並不涉及兩坐標系統之間參考橢球體不同的本質性問題，故當測區太大或已知點分佈密度低或不均勻時其推得之坐標值精度會下降，至於間接法因先將平面坐標轉成地理坐標（考慮曲面影響），再換回地心坐標，再以七參數轉成 eGNSS 之參考橢球體之地心坐標，故轉換符合數學理論，精度可充份掌握。另外，此法尚有以下優點：①適用臺灣全島，不受測區大小限制；②由國土測繪中心提供經過驗證的坐標轉換參數及坐標改正值網格修正模型，可有效避免精度流失，亦能符合相關法令規範；③兼具三維空間橢球高的轉換功能，可配合大地起伏曲面推得正高。

問二十九：控制測量之施作中，「全球導航衛星系統」（GNSS, Global Navigation Satellite System）如全球定位系統（GPS, Global Positioning System）是近年來常用之儀器。請分別說明應用 GNSS 與應用全測站經緯儀，從事控制測量時之選點方式與要點並請交互比較。

答：

以下表五個項目交互比較：

項目	GNSS	傳統地面測量
佈設方式	點位應均勻分佈在測區內，並須考慮網形基準設計，有以下四個原則：（一）坐標轉換：須聯測當地原有平面控制點三點以上以利轉換；（二）大地起伏：同上須聯測且若在丘陵或山區則按需聯測更多點位以建立大地起伏擬合曲面；（三）閉合圖形：在網內重合的點應與未知點連結成長邊圖形；（四）地面聯測：為便以傳統地面測量加密，故點間要至少有一個可通視的點。	以三角網或導線方式連接點位，需注意測角和測邊彼此精度之互相配合。另外尚須考慮圖形強度，且因多使用正弦或餘弦函數推算未知點坐標，故尚須考慮數學本身的影響，應避免 $0°$、$90°$、$180°\cdots$之觀測量。
通視需求	點位之間不必通視，但仰角 $15°$ 以上對空應無障礙物。	相鄰點位之間應通視良好，故三角點常選在高海拔山頂。
天候條件	不受天候影響且全天候可測。	受風雨、日照、溫溼度影響且夜間無法施測。
作業效率	作業快速，人力節省。	需組織測量隊，跋山涉水，作業效率不佳。
點位設置	應埋設標石，設點原則如下：（一）對空通視良好；（二）交通方便容易到達；（三）埋設處地質穩定；（四）易於收發無線電訊號；（五）附近不可有飛行物或機場；（六）附近不可有電磁波源如高壓電塔、廣播電臺、雷達站或微波站；（七）附近不可有金屬板、平面反射體、大面積水域避免多路徑效應。	應埋設標石，設點原則如下：（一）四周樹木不易生長，避免日後影響通視；（二）埋設處地質穩定；（三）選在制高點上；（四）必要時應有構造物如圍籬、圍牆防止動物破壞標石。

問三十：使用全球定位系統，相較於單點定位，為何採用差分方式，可以提高定位精度？

答：

(1) 單點定位又稱絕對定位，是根據一臺接收儀的觀測資料來確定接收儀位置的方法，因為得到的三維坐標包含許多系統誤差，又欠缺拘束條件，故定位精度有限。

(2) 差分定位又稱相對定位，是根據兩臺以上接收儀的觀測資料來確定兩個或以上觀測點之間的相對位置的方法，其直接取得的觀測資料是位置向量。相對定位需要一部接收儀安置在坐標已知的參考站，而其他接收儀則安置在未知點上，稱為移動站。兩站之間距離最遠以 20 公里為限，且兩站應各自同時觀測四顆以上的 GPS 衛星。

(3) 利用參考站與移動站具有同步觀測和有限距離所生的相似觀測環境，可推定兩站的系統誤差近似，故可透過差分的方法改正坐標並平差提高精度，其差分方法舉例如下：

① 衛星差分：同一測站對二顆衛星作同步觀測，因測站與二衛星的距離觀測值有相同的「接收儀時鐘誤差」故可予以改正。

② 測站差分：二測站對同一衛星作同步觀測，因同時間接收衛星訊號，故可改正「衛星時鐘誤差」；又因二測站地理及大氣環境類似，且二站之距離不遠，故能部分改正「衛星軌道誤差」、「對流層誤差」和「電離層誤差」。

(4) 因相對定位觀測所得的是移動站相對於參考站的位置向量，故若要得到未知點坐標，尚須自參考站推算。

問三十一：衛星定位測量中，常利用差分定位來提升定位精度；請列出各種可能的差分定位方式，並說明各種差分定位方式可以消除或減少那些誤差？

答：

(1) 本題以 GPS 靜態基線測量爲例，在此測量中系統誤差主要有以下三種：①衛星本體：衛星鐘差、衛星軌道誤差；②訊號傳播過程：電離層誤差，對流層誤差；③測站本體：接收儀鐘差、週波未定值。

(2) 爲了減少上述誤差對定位用之測距值精度影響，可採用將載波相位觀測值進行差分，主要有以下三種：

① 測站差分：在兩測站對同一個衛星進行同步觀測，在兩測站距離小於 20km 時，因兩測站距離衛星之距離幾乎相同，故也存有相同的衛星鐘差和相近似的衛星軌道誤差，便有拘束條件得以互相改正。另外，因兩測站之大氣條件類似，故也可以對電離層延遲誤差，對流層延遲誤差進行改正，惟距離超過 20km 時效果不佳。

② 衛星差分：在一測站對二個衛星進行同步觀測，此時兩個同步觀測值包含相同的接收鐘誤差，故可有拘束條件完全消除。

③ 曆元差分：在一個測站對同一個衛星連續觀測二次，若二次觀測期間衛星訊號被強制維持鎖住狀態，則二個觀測值都會包含相同的週波未定值，也因此可有拘束條件完全消除。

(3) 綜上，此三種差分方式可幾乎完全消除（○）或可大部分消除（△）之表如下：

項目 \ 方式	測站差分	衛星差分	曆元差分
衛星鐘差	○	×	×
衛星軌道誤差	△	×	×
電離層延遲誤差	△	×	×
對流層延遲誤差	△	×	×
接收儀鐘差	×	○	×
週波未定值	×	×	○

另外，此三種差分方式可以組成三種差分技術有：一次差分（單差法）、二次差分（雙差法）和三次差分（三差法）

問三十二：示意如圖，於兩已知點 A, B 擬自下列二法中擇一以定 C 之坐標：

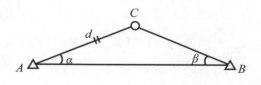

（一）觀測水平角 α 及 β 以前方交會法求之，（二）自 A 觀測 α 及水平距 d 以求之。假設測角測距精度相當，就 C 對 A, B 可能之幾何配置（即不同之△ ABC 形狀）與 C 點之定位精度分析：(1) 一般情形下，何法較佳？(2) 何種情形下，二法相當？

答：

(1) 就定位精度而言，測角以水平角的角平分線方向有最佳的控制性，而測距則以測距方向有最佳的控制性。

(2) 以本題之圖形而言，可看出前方交會法之兩控制線①與②之夾角 γ 大於光線法（方案二）

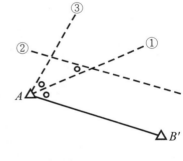

兩控制線①與③之夾角 $\frac{1}{2}\alpha$，而夾角 0° 代表定位精度只在該線方向具有控制性，夾角 90° 則代表定位精度同時在縱橫向均有控制，故可知方案一之夾角較 γ 接近 90°，應可有較佳的定位精度。

(3) 承上，若要二法相當，可先使①③及①②之夾角相當，但此時會發現 $\overrightarrow{AB'}$ 與②平行，無法閉合成一三角形，亦即任何形狀之三角形，均不存在二法相當的情形，且都以前方交會法為佳。

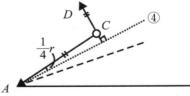

(4) 本例若要使光線法精度增加，可考慮在較大誤差方向，即圖示中④之垂線方向找另一已知點 D，加測 $\overline{CD}$ 長亦可有效提高 C 點的定位精度。

問三十三：請詳細說明在相位式電子測距儀中，其基本原理與主要觀測量各為何？假定相位角量測精度為 1°，則應該使用那些波長組合，可使最大測距長度達到 250m 且測距精度優於 ±5mm ？

答：

(1) 電子測距儀將電磁波經調制器調制成某固定波長 λ 的訊號發射出去，以直線型式之路徑經反射稜鏡反射回測距儀。在訊號傳播過程中將經歷 N 個整週波和不足一個週波的相位差ΔN，是以，距離觀測值應為：

$L_D = \frac{1}{2} \cdot \lambda \cdot (N + \Delta N)$，$L_D$ 稱作測尺長度。

(2) 當距離長短不同時，N 值亦有各種不同的值，測距儀無法判斷，故可使 λ 大於被測距離 2 倍方式以強迫 N 值為零，形成 $L_D = \frac{1}{2}\lambda(\Delta N)$ 之公式，而ΔN 即相位差，可由相位計解算，此即主要觀測量。

(3) 然而，相位計的精度多為 1°，亦即 λ 訊號所得之精度為 $\frac{L_D}{360°}$，如此精度可能不能滿足需求，故稱 λ 之測尺為粗測尺，此時，需依照精度需求，調配另一波長為 λ' 的測尺，稱為精測尺。

(4) 以本題為例，最大需求長度為 250m，故令 $L_D = 250$m，$C = 3 \times 10^8$ m/sec，$\Delta N = 1$，又依 $C = f \cdot \lambda$ 公式，故有 $L_D = \frac{1}{2} \cdot \frac{c}{f} \cdot 1 \Rightarrow f = 6$MHz，但此粗測尺精度僅有 $\pm\frac{250}{360°} = \pm0.694$m，故再以$\Delta N = 0$ 為條件，設計精測尺有：$\pm\frac{\frac{1}{2}\lambda'}{360°} = \pm5$mm，$\Rightarrow \lambda' = 3.6$m $\Rightarrow f = 8.33 \times 10^7$MHz。

(5) 結論：相位式電子測距儀以相位差為主要觀測量。本題可採用 $f=6\text{MHz}(\lambda=500\text{m})$ 之電磁波為粗測尺，$f=8.33\times10^7\text{MHz}(\lambda=3.6\text{m})$ 之電磁波為精測尺之波長組合即可同時滿足最大測距和精度的需求。

問三十四：配置如圖，A、B、C 為已知點，於 P 點觀測 α 及 β 兩水平角，二角度各約 $45°$，請考慮觀測誤差以探討：P 點之定位幾何條件是否優良？

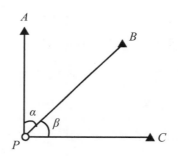

答：

(1) 以定位精度控制而言，測角以水平角之角平分線最佳，故本題之 α 與 β 測角之控制方向線如圖所示之虛線：

(2) 令 $\overline{BP}$ 方向稱為縱向，可知此二控制線在縱向上有較佳的控制性，易言之，在橫向上精度不佳，故 P 點之定位幾何條件並不

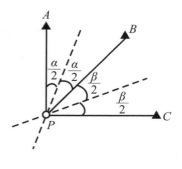

優良。

(3) 依本例而言，可考慮改觀測下圖之 $\overline{PA}$ 和 $\overline{PC}$，因測距以測距方向線之控制性最佳，故由圖可知兩觀測量之控制線約略正交，意即在縱向和橫向均有類似精度，定位幾何條件優良。

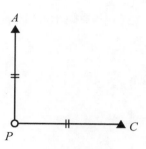

問三十五：調整一部經緯儀之腳螺旋使氣泡居中，經平轉 180° 後發現氣泡偏了 2 格（每格相應 20"），若調整腳螺旋使氣泡只偏一格（即修正一半），請繪圖標示：（一）此時水準管與水平線之夾角；（二）直立軸與鉛垂線之夾角；（三）直立軸與水平線之夾角；（四）水準管軸與直立軸之夾角。

答：

(1) 題意所指即經緯儀半半改正進行一半的狀態。「調整一部經緯儀之腳螺旋使氣泡居中」，此時儀器狀態如下圖所示：

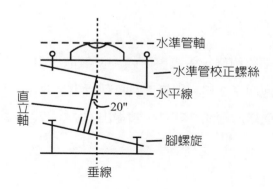

(2)「經平轉 180° 後發現氣泡偏了 2 格」則如下圖所示：

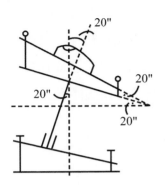

(3)「調整腳螺旋使氣泡只偏一格」則如下圖所示，據此圖回答以上四題，

① 水準管與水平線之夾角為 20"

② 直立軸與鉛垂線之夾角為 0°（重合）

③ 直立軸與水平線之夾角 90°（正交）

④ 水準管軸與直立軸之夾角為 90°00'20"（以天頂距表示）

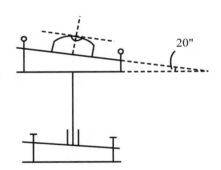

問三十六：安置一部經緯儀，先調整腳螺旋使氣泡居中，平轉 180° 後，發現氣泡偏了 2 格。現無工具可執行半半改正。請探討此經緯儀是否適用於觀測？若是，請提出方法；若否，請說明理由。

答：

(1) 依題意之情形，僅需使用腳螺旋使氣泡向中間偏移回一格即可視爲定平完成繼續施測。

(2) 所謂「定平完成」係指儀器之直立軸是否與地表垂線平行（或重合），當平轉 180° 發現氣泡偏了 2 格，其中 1 格是直立軸未與垂線重合所致，但另外一格是水準管軸未與地表水平線重合所致。是以，調水準管軸校正螺絲的動作，儀器其實三軸並未發生移動或轉動，故可予以省略。

(3) 但須注意水準管本體的精度以氣泡居中時最佳，而此題情況氣泡需對準偏移 1 格的刻度，如此定平的精度有可能下降。另外，所謂偏移「2」格在實務上多爲一大致感覺，究係是 1.9 格或 2.1 格？不易明確！故仍建議觀測值應予以加註「半半改正未完成」之字眼。

問三十七：「定心」與「定平」，爲經緯儀整置與全球定位系統（GPS）天線整置時必須進行之作業項目。請分別說明「定心」與「定平」兩項誤差因子與「水平角」及「GPS」觀測量誤差間之關係。

答：

(1) 定心誤差對經緯儀測水平角的影響

設若經緯儀有定心誤差，自正確之 O 點偏心至 O' 點，此時測得之

水平角亦自 β 變爲 β' 如圖所示。是以，偏心誤差量 $\overline{OO'}=e$ 對水平角誤差 $\beta'-\beta=\alpha\beta$ 之影

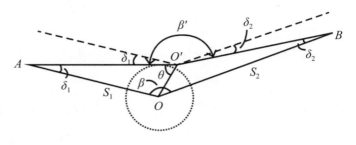

響關係式應爲：（δ_1 及 δ_2 以弧度計）

$\beta'-\beta=\delta_1+\delta_2$ ，又 $\dfrac{e}{\sin\delta_1}=\dfrac{S_1}{\sin\theta} \Rightarrow \sin\delta_1\approx\delta_1=\dfrac{e\cdot\sin\theta}{S_1}$ ，同理

$\delta_2=\dfrac{e\cdot\sin(360°-\beta'-\theta)}{S_2}$ 故 $d\beta=e\cdot\left[\dfrac{\sin\theta}{S_1}+\dfrac{\sin(360°-\beta'-\theta)}{S_2}\right]$ 即爲所求。

由式中可知 $\theta=90°$ 或 $270°$ 且 $\beta'=180°$ 時 $d\beta$ 有最大值，此時 A、O'、B 三點呈一直線且 $\overline{OO'}$ 垂直該直線；而當 $\beta'=180°$ 且 $\theta=0°$ 或 $180°$ 時 $d\beta=0$ ，此時 A、O、O' 及 B 成一直線。

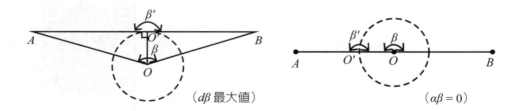

（$d\beta$ 最大值）　　　　（$\alpha\beta=0$）

另外，定心誤差對較短測邊之影響較大，以圖例而言，因 $S_1<S_2$ ，故 $\delta_1>\delta_2$ 。

(2) 定心誤差對 GPS 定位的影響

單點定位時，定心誤差即天線位置改變，將直接影響坐標值；若爲相

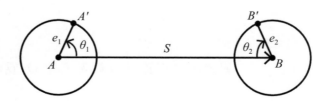

對定位，則需同時考慮兩接收站之偏心，其主要影響為基線長 S 變 S'，設若兩站 A、B 分別偏心至 A' 及 B' 位置，可用此式表示 dS 有：

$$dS = -e_1 \cdot \cos\theta_1 - e_2 \cdot \cos\theta_2$$

觀察此式可知 $\theta_1 = \theta_2 = 90°$ 或 $\theta_1 = \theta_2 = 270°$ 時 $dS = 0$；$\theta_1 = \theta_2 = 180°$ 時 $dS = S + e_1 + e_2$ 為最大之 S'；$\theta_1 = \theta_2 = 0$ 時 $dS = S - e_1 - e_2$ 為最小之 S'。

(3) 定平誤差對經緯儀觀測水平角之影響

經緯儀定平誤差導致直立軸傾斜為 T_2 軸而與垂線 T_1 之間產生夾角 V，而此誤差將導致 $\overline{O_1O_2}$ 之橫軸在水平度盤轉動時自原本 O_2 移至 O_3 處改為移至 O'_3 處因而產生誤差量 $i_v = V \times \sin\mu$，如圖所示為縱角等於零之情形。

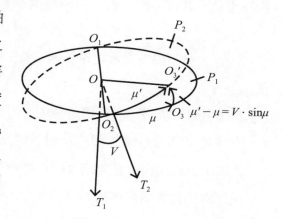

又若觀測目標之縱角為 α（天頂距）則直立軸誤差對水平角觀測值的影響量應為 $v = i_v \times \tan\alpha = V \times \sin\mu \times \tan\alpha$，由此式可知，$\mu = 0$ 或 $180°$ 或 $\alpha = 0°$ 時 $v = 0$；若 $\mu = 90°$ 或 $270°$ 時橫軸誤差量 i_v 為最大，此時如 $\alpha = 90°$ 則有 v 之最大值；至於其他 μ 值確定後，視線愈接近水平，v 值愈大。

(4) 定平誤差對 GPS 定位的影響

GPS 天線之定平誤差將導致天線中心 O 點偏心至 O' 處如圖所示，此時原應定位之 A 點坐標將移至 A' 處，存有 i 之誤差量，設定平誤差為 v，天線高 $\overline{OA} = h$，則 $i = h \cdot \dfrac{v}{\rho'' + h_o}$

問三十八：針對地面三維雷射掃描儀測量三維點雲，試回答下列問題：

（一）分析地面三維雷射掃描儀測量三維點雲之機制。（二）

分析點雲密度之影響因子與三維坐標品質之影響因子。

答：

(1) 三維雷射掃描儀的主要構造是由雷射測距儀與兩塊分別為水平及垂直方向且可等角速率旋轉的反射稜鏡組成，如下圖所示。掃描時雷射光射出，經由兩片稜鏡的反射可控制射出方向，並藉由被目標物反射回來的訊號量測與物體的斜距角度，進而推求掃描點和測站的相對位置。儀器內部的坐標系原點視不同儀器有不同設計，必存在一個系統誤差，必須有嚴密的率定方能加以改正。

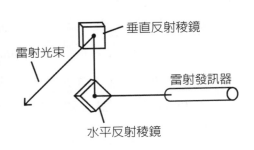

(2) 點雲密度是直接影響三維坐標品質的因子之一，而點雲密度又受以下因子影響：①觀測距離：距離愈近，密度愈高；②材質顏色：白色最高、綠色、藍色次之、黑色最少；③材質粗糙度：愈粗糙則密度愈高（但僅限於白、綠二色）。

(3) 此外，影響三維坐標品質的因子尚有雷射光斑大小、測距誤差、溫度差異、開機後使用時長、儀器本體使用年份、大氣環境所生之時間漂

移、測角誤差等。

問三十九：基本地形圖為國土資訊系統之核心圖資，現有數值地形圖之向量成果常以 CAD 檔案格式儲存，為利日後各項地理資訊系統（GIS）應用，多將其轉置成 GIS 圖層格式，試回答下列問題：（一）基本地形圖包含那些類主題圖層？（二）地形圖 CAD 檔案格式與 GIS 檔案格式間主要差異為何？並舉例說明。

答：

(1) 以內政部國土測繪中心提供之臺灣通用電子地圖為例，該圖以 GIS 分層套疊概念規劃，包括道路、鐵路、水系、行政界、區塊、建物、重要地標、控制點、門牌資料及彩色正射影像等 10 大類，並依照圖資內容細分為 23 個圖層。

(2) CAD 與 GIS 檔案格式間主要差異有以下三種：

① 比例尺差異：CAD 製圖多為機械零件或建物尺寸，比例尺多在 1：1 ～ 1000 之間，而 GIS 製圖多為大範圍地形地物，比例尺多在 1：1000 ～無限大。故以人手孔為例，在 CAD 中可展現孔蓋具體形狀，而在 GIS 中可能會以點物件代替。

② 坐標系統差異：CAD 慣用二維或三維卡氏坐標系，不同圖輻物件彼此之間在空間中多無具體關連，即便有，也易於生成共同坐標系描述其相對位置，故無坐標系統整合問題。GIS 則不然，不同地區

依其規範，會制訂專屬坐標系統，此與大地起伏及擬合曲面有關，而不同的坐標系統套疊時要依照彼此公認的轉換參數才能進行。

③ 屬性資料差異：CAD 多半以物件之分類決定屬性，譬如圓具有圓心位置及半徑的屬性，但物件間的連結便顯得有缺陷。而 GIS 則將屬性本身視為物件的一種與幾何資料發生連結，故可讓使用者決定將某些特定屬性的物件展繪，或某圖層僅繪出某些屬性的物件，如此可透過屬性來使圖層和物件易於管理，是 GIS 的特徵。

問四十：進行地面光達測量時，若因單一測站掃描範圍無法涵蓋到整個測區，必須換站進行掃描，因此造成多測站掃描點雲資料連結問題，試問不同測站間掃描點雲資料連結原理為何？

答：

(1) 因各種地面光達均有最大量測距離限制，且須有一定的「回訊強度」，但土木工程之待測物往往尺寸龐大，幾何形狀複雜且多為低反射率之材質，故在實際進行實地掃描作業時，應先考慮以下幾點：① 視距離限制架設掃描測站；② 相鄰測站間應有大量的重疊區；③ 視待測物表面的幾何形狀和材質決定掃描密度；④ 連結點雲資料的共軛點設置位置。

(2) 共軛點即兩測站共用之掃描點，是點雲連結的成敗關鍵，需要另外佈設人工的高反射率覘標才能使兩測站的疊合點雲資料正確並有足夠精

度。

(3) 在數學的處理上，不同點雲資料會先在共軛點上連接形成「剛體」，然後才將原先各自不同坐標系之點雲資料點轉換至一個相同的坐標系統，而主流的數學方法有四種：①共軛面轉換法；②磁性覘標控制點法；③測站後視稜鏡法；④曲面匹配法。

(4) 點雲資料被定義為空間中一群具有三維坐標之點位，以測站定義的坐標系描述，可透過電腦產生影像，又因點位都可視為一距離向量，故又可稱作距離影像。所謂「連結」其實就是距離影像的疊合，此工作包含了一個旋轉矩陣和一個平移向量，而整疊合過程所追求的即是此矩陣和向量應如何決定方是「最佳」。目前以 Besl & McKay（1992）所提出的 ICP（Iterative closet point）演算法為主流，利用求取兩組資料間的最短距離為目標，找出兩組點雲資料間的最佳對應關係，並經由反覆選代過程，來縮小疊合誤差以連結資料。

問四十一：某規劃單位，在一直線型街道上測設界址點時，依空間圖形考量，設置一近乎直線之多站附合導線。亦即各站前後觀測所得水平角均約為 180 度，但是距離長度不一。請分析此一導線偵測一個距離觀測量錯置（如第一站至第二站之距離與第二站至第三站距離登錄時互換）之可能性，是否能由導線閉合差看出？如果是一個水平角錯置時，情形如何？又如何以作業方

法，增強此測設工作之可靠度與檢核能力？

答：

(1) 下圖為依題意之一種舉例，觀測數目為 6，未知數為 4，故存有兩

個拘束條件即縱距閉合差

W_N 和橫距閉合差 W_E，又

可知因水平角約 $180°$，故

$\phi_{A1} = \phi_{12} = \phi_{2B}$，其拘束條件

應為

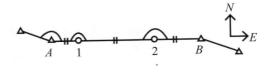

$E_A + \ell_{A1} \cdot \sin\phi_{A1} + \ell_{12} \cdot \sin\phi_{12} + \ell_{2B} \cdot \sin\phi_{2B} = E_B$

$N_A + \ell_{A1} \cdot \cos\phi_{A1} + \ell_{12} \cdot \cos\phi_{12} + \ell_{2B} \cdot \cos\phi_{2B} = N_B$

(2) 當一個距離觀測量錯置時，

可視為 1 號點位移動至 1' 號

點位，但此時依拘束條件有

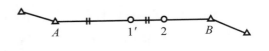

$E_A + \ell_{12} \cdot \sin\phi_{A1} + \ell_{A1} \cdot \sin\phi_{12} + \ell_{2B} \cdot \sin\phi_{2B} = E_B$

又因 $\phi_{A1} = \phi_{12}$，令 $k = \sin\phi_{A1} = \sin\phi_{12}$，則原有拘束條件為

$E_A + k(\ell_{A1} + \ell_{12}) + \ell_{2B} \cdot \sin\phi_{2B} = E_B$，錯置後第二項為 $k(\ell_{12} + \ell_{A1})$，在數

學上其值不變，故無法偵錯！

(3) 當一個水平角觀測量錯置時，在數學上可視為將 ϕ_{A1} 與 ϕ_{12} 互換，則

拘束條件變為 $E_A + \ell_{A1} \cdot \sin\phi_{12} + \ell_{12} \cdot \sin\phi_{A1} + \ell_{2B} \cdot \sin\phi_{2B} = E_B$，一樣令

$k = \sin\phi_{12} = \sin\phi_{A1}$，故可整理為 $E_A + k(\ell_{A1} + \ell_{12}) + \ell_{2B} \cdot \sin\phi_{2B} = E_B$，同上

理由亦無法偵錯！

(4) 為提高此測設工作之可

靠度和檢核能力，應增

加其他種類或來源之拘

束條件，例如在測區

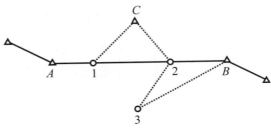

引入新的已知點 C，加測 ℓ_{1C}、ℓ_{2C} 和 $\angle 1C2$，又或者改變導線形狀為 $A \rightarrow 1 \rightarrow 2 \rightarrow 3 \rightarrow B$ 亦可。

問四十二：測量定位多根據幾何定位原理進行，如 GPS 為根據「交弧法」、立體攝影測量進行立體繪製時根據「前方交會法」、空載光達根據「輻射法」。請分別就以上三種幾何定位原理，繪圖並配合文字說明圖形條件與成果坐標間不確定度之關係。

答：

(1) GPS 之「交弧法」又稱「空間距離交會法」，在數學上的原理是利用三顆衛星為已知點，同步觀測獲得各自衛星與未知點（接收儀）的直線距離，以 3 個觀測量求解未知點 3 個坐標值。但因接收儀鐘差的關係，至少需要 4 顆衛星才能求解。以位置成果的精度（不確定度）而言，常使用 PDOP（位置精度稀釋因子）來衡量，其值通常在 $1 \sim 100$ 之間，PDOP 接近 1 時，從接收儀至衛星的單位向量所構成的多面體體積大，衛星分佈於四個不同象限且有合理的仰角，故能達到的精度較佳，如圖一所示；反之，PDOP 大於 10 時則精度不佳，如圖二、三所示。一般在透空度良好的情況下，PDOP 經常在 $2 \sim 3$ 之間。

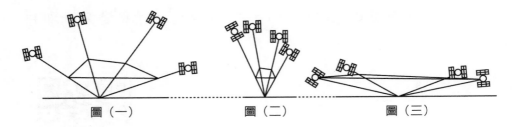

圖（一）　　　　　　圖（二）　　　　　　圖（三）

(2) 立體攝影測量有航空攝影測量和近物攝影測量 2 種，現以前者作說明。航測多以垂直攝影為主，鏡頭中心垂直於膠片平面之主軸線應與鉛垂線夾角小於 3°，當飛機依規劃沿一條航線飛行時，相機拍攝的任意兩張照片的航向重疊不得少於 55% ～ 65%，在相鄰航線的兩張照片的旁向重疊不得少於 30% ～ 40%，利用重疊部分的影像，可對影像內的點位解算出坐標值，稱「立體像對的前方交會」，數學原理是空間中 2 組共線方程式的求解，如圖所示：

以位置成果的精度而言，上圖 S_1 與 S_2 之距離愈近，則在 Z 方向的控制性愈差，理論上 $\overline{S_1 S_2}$ 應有一定距離，但又受限照片必須疊合，故其值都偏小，故此法之 Z 值精度略低於 X、Y 值精度，如要提高其精度，可考慮使用更大尺寸的照片，減少拍攝頻率，增加基線長度。此外，X 與 Y 值的精度與航向、旁向的重疊百分比有關，同一地物點在越多的照片上出現，精度就愈高。最後，航高較低時所得到的成像照片解析度也愈高，此點會反映在未知點左、右像 (x, y) 的中誤差愈小。是以，結論而言，本前方交會法如要獲取精度良好的坐標點位成果，

應降低航高、增加拍攝頻率、增加底圖尺寸，但不論如何改善，Z 坐標之精度都比 X、Y 坐標較差。

(3) 空載光達測量整合了 GPS（提供飛機的瞬時空間位置 X、Y、Z）、IMU（提供飛機的瞬時姿態角 φ, ω, k）和雷射掃描儀（提供光達與掃描點間的距離 S 和掃描角 θ）。飛機向前飛行時，掃描儀橫向對地發射連續的雷射光束，同時接收地面反射回波，IMU 系統記錄每一個雷射發射點的瞬間空間位置和姿態，再配合 GPS 提供的坐標系統，得以解算出未知點的坐標值。如下圖所示，所謂成果坐標即圖中的點雲中的各點，以精度而言，分作以下四點討論：

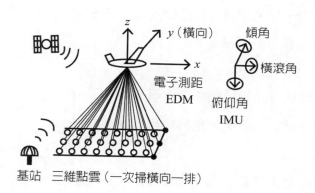

① 電子測距值 S 的誤差：除正下方的點位的 X，Y 值無影響外，距離愈遠精度愈低，例如掃描角最大時誤差也最大。

② GPS 定位誤差：相當於光達的坐標原點發生平移，連帶也使未知點都發生相同的定位誤差。

③ IMU 姿態角誤差：φ, ω, k 的增減會使飛機回推「正射」姿態的推導帶有誤差，而連帶使空間距離值變大，進而使未知點坐標發生定位誤差，此類誤差在 X、Y、Z 三個方向皆有影響。

④ 掃描角誤差：主要使未知點在橫向上發生誤差，但 θ 亦與 φ, ω, k 有關，所以也會傳播至其他方。通常掃描角的誤差對整體影響甚大，故須嚴格率定各參數和檢測。

問四十三：經緯儀正倒鏡觀測可以消除數種誤差，請以文字說明並配合公式推導及舉例探討縱角指標差以外的各項誤差與觀測方向之高度角（縱角）間關係。

答：

(1) 儀器正倒鏡可以消除視準軸誤差、橫軸誤差、視準軸偏心誤差和縱角指標差。

(2) 視準軸誤差是指視準軸在水平方向不垂直於橫軸。如圖所示，當視準軸無誤差時，正射牆之照準方向為 $\overline{OA}$，

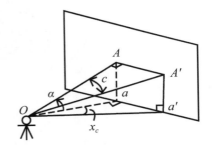

令垂直角 α；當視準軸有誤差時，照準方向為 $\overline{OA'}$，二者相差角度值 C 即在縱角 α 時之視準軸誤差。設若此儀器無其他誤差，則 $\overline{AA'}$ 應為水平線，而在水平面上投影分別為 a、a'，則 x_c 即為水平角之觀測值的誤差量。依圖可知以下幾何關係式：

$$\frac{\sin x_c}{\overline{aa'}} = \frac{\sin 90°}{\overline{oa'}} \Rightarrow \sin x_c = \frac{\overline{aa'}}{\overline{oa'}}$$

又 $\because \overline{aa'} = \overline{AA'}$ $\quad \therefore \sin x_c = \frac{\overline{AA'}}{\overline{oa'}}$，又 $\frac{\overline{AA'}}{\sin c} = \frac{\overline{OA'}}{\sin 90°}$ 而有 $\overline{AA'} = \overline{OA'} \cdot \sin c$；

$\overline{oa'}=\overline{OA'}\cdot\cos\alpha$，故 $\sin x_c=\dfrac{\overline{OA'}\cdot\sin c}{\overline{OA'}\cdot\cos\alpha}=\dfrac{\sin c}{\cos\alpha}$，又 $\because$ x_c 及 c 均屬微量，

$\therefore$ $x_c=\dfrac{c}{\cos\alpha}=c\cdot\sec\alpha$，由此式可知，當垂直角 α 愈大，x_c 也愈大。另外，若上圖為正鏡狀態，A' 偏向 A 之右側，而倒鏡則是對稱地偏向左側，即正倒鏡時 c 值為一正一負，而 x_c 亦為一正一負，是以相加取平均時 x_c 在數學上消彌，可以消除視準軸誤差。

(3) 橫軸誤差是指橫軸在直立方向不垂直直立軸。如圖所示，設若經緯儀無其他誤差，水平狀態的橫軸 $\overline{H_1H_1}$ 與傾斜狀態的橫軸 $\overline{A_1A_1}$ 之間的角度值 i 即為橫軸誤差量。令經緯儀以水平方向正射牆面於 h 點，轉縱角 α，當無誤差時照準方向為 $\overline{OH}$；當存

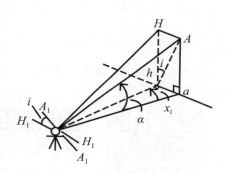

有橫軸誤差時照準方向為 $\overline{OA}$，$\overline{HA}$ 在水平面上的投影為 $\overline{ha}$，而 x_i 即水平角之觀測值的誤差量。由圖可知以下關係式：

$\dfrac{\sin x_i}{\overline{ha}}=\dfrac{\sin 90°}{\overline{oa}}\Rightarrow\sin x_i=\dfrac{\overline{ha}}{\overline{oa}}$　又 $\because$ $\tan i=\dfrac{\overline{ha}}{\overline{Aa}}$　$\therefore$ $\overline{ha}=\overline{Aa}\cdot\tan i$

且 $\because$ $\tan\alpha=\dfrac{\overline{Aa}}{\overline{oa}}$，$\therefore$ $\overline{Oa}=\dfrac{\overline{Aa}}{\tan\alpha}$，故 $\sin x_i=\dfrac{\overline{Aa}\cdot\tan i}{\overline{Aa}\cdot\left(\dfrac{1}{\tan\alpha}\right)}=\tan i\cdot\tan\alpha$

又 $\because$ x_i 與 i 均屬微小量，$\therefore x_i=i\cdot\tan\alpha$，由此式可知，當垂直角 α 愈大，i 使 x_i 的值也愈大。另外，若上圖為正鏡狀態，A 偏向 H 的右側，而倒鏡則是對稱地偏向左側，即正、倒鏡時 x_i 為一正一負，是以相加取平均時 x_i 在數學上消彌，可以消除橫軸誤差。

(4) 視準軸偏心誤差是指直立軸未通過視準軸與橫軸的交點。如下圖所示，當發生誤差時原應通過 O 點之直立軸平移至 O'，此時觀測 $\angle AO'B$ 為 α，由圖有關係式 $\alpha+\omega_1=\theta+\omega_2$，即 $\alpha=\theta+(\omega_2-\omega_1)$，

因 θ 為無誤差之值，故 $\omega_2 - \omega_1$ 即因偏心誤差所生之水平角觀測值的誤差，式中並沒有出現垂直角，故可知此誤差與縱角無關。若此圖為正鏡狀態，O' 偏向 O 之左側，而倒鏡則是以 $\overline{KK}$ 對稱地偏向右側，由圖有關係式 $\beta + \omega_2 = \theta + \omega_1 \Rightarrow \beta = \theta + (\omega_1 - \omega_2)$，如此正、倒鏡取平均 $\dfrac{\alpha+\beta}{2} = \theta + [(\omega_2 - \omega_1) + (\omega_1 - \omega_2)] \cdot \dfrac{1}{2} = \theta$ 可看出視準軸偏心誤差在數學上消彌。

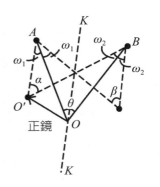

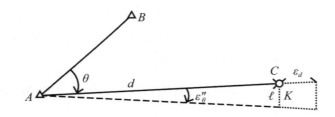

問四十四：導線測量任務中，應盡量讓測角精度與測距精度相當，請說明其涵義及目的，並以角度誤差量（測距誤差與距離之比值，單位為 ppm）說明應如何搭配才能達到測角精度與測距精度相當之效果。

答：

(1) 通常導線測量未知點位係使用光線法，如下圖，A、B 為已知點，欲以觀測 θ 及 d 以定出 C 點坐標：

(2) 令測角精度 $\pm\varepsilon_\theta''$，測距精度為 $\pm\varepsilon_d$，繪於上圖（ε_θ'' 及 ε_d 繪於正向），則所謂兩者精度相當係指圖中 K 之封閉區塊近似正方形，亦即 $\ell \approx \varepsilon_d$，又因 ε_θ'' 屬微量，故有 $\ell = d \cdot \dfrac{\varepsilon_\theta''}{\rho''} = \varepsilon_d$ 之關係。

(3) 依題意要求改寫上式為 $\varepsilon_\theta'' = \rho'' \cdot \dfrac{\varepsilon_d}{d} \cdot 10^6$（$d$ 之單位為 km，ε_d 之單位為 mm）

(4) 測角精度與測距精度相當時，其未知點之兩坐標值定位精度亦相當，符合一般測量之「誤差應合理平均分配」的原理，此即其目的。

問四十五：如圖所示，AC 與 BD 近似垂直，P 點位於 AC、BD 的交點附近，欲測定 P 點，則：（一）如果只有皮尺作為量距工具，且不考慮量距的誤差，並已於

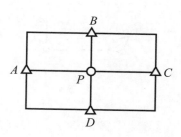

A 點對 P 點量距，若在 B 點或 C 點再對 P 點量距，則何者對 P 的定位精度較佳？為什麼？（二）如果只有經緯儀作為測角工具，且不考量測角的誤差，並已於 A 點對 P 測一方向角，若欲在 B 點或 C 點再對 P 測方向角，則何者對 P 的定位精度較佳？為什麼？

答：

(1) 儀器擺置於已知點觀測未知點，測距之精度控制線與視線同向；測角

之精度控制線與視線正交。

(2) 將方案一中的兩種子方案之精度「控制線」繪出如下：

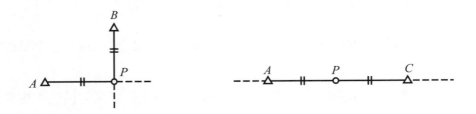

可看出由 B 點對 P 量距，精度控制線正交，意即在縱橫二向度的定位精度均勻分配，故為較佳選擇。另一子方案則在 $\overleftrightarrow{BP}$ 上缺乏控制。

(3) 將方案二中的兩種子方案之精度「控制線」繪出如下：（基準方向任意假設）

可看出由 B 點對 P 測方向角，精度控制線約略正交，意即在縱橫二向度的定位精度均勻分配，故為較佳選擇。

問四十六：針對全球導航衛星系統：（一）列舉三種衛星系統；（二）相較
於單星系，以多星系進行衛星定位有那些優勢？

答：

(1) 全球導航衛星系統（GNSS）是指利用發射至天空的多顆人造衛星，
搭配地面的監控站，與用戶端的衛星訊號接收儀三方搭配實現接收儀
三維位置資訊的一種系統的總稱。

(2) 三種衛星系統之基本架構如下表

衛星系統	國家	衛星數	軌道面數	軌道傾角	軌道高度	一周需時	民用頻率
GPS	美國	24+3	6	55°	20200km	11 時 58 分	L1、L2、L5
GLONASS	俄羅斯	21+3	3	64.8°	19100km	11 時 15 分	E1、E5a、E5b
Galileo	歐盟	27+33	3	56°	23616km	14 時 05 分	G1、G2、G3
BDS	中國	35+？	3	56°	不一定	不一定	

(3) 所謂「多星系」即使用多個全球導航衛星系統進行定位之意。多星系
定位技術發展，使得不同國家的衛星訊號可同時由一部接收儀接收
解算，就結果而言，使可觀測的衛星數目明顯增加，並且提供大量數
據，解決衛星訊號遮蔽、精度稀釋因子過高及初始化時間過長等困
擾。因多星系統能有效提升 VBS-RTK 定位精度及解算的成功率，於
是內政部於民國 101 年公佈 TWD97 [2010] 坐標系統，從原單星系統
升級為多星系統，並將 e-GPS 更名為 e-GNSS，在政治優勢上，採用
多星系統可避免定位技術及成果受制於單一國家
如美國。總而言之，多星系統加上 VBS-RTK 即
時動態定位技術具有「快速獲得高精度坐標成
果」的優勢，丈此優勢發展之各民生用品亦極具
市場競爭優勢。

問四十七：試回答以下問題：（一）臺灣於 101 年公告的新坐標系統簡
稱 TWD97 [2010]，其中 2010 表示什麼？爲什麼要標示這項
資訊？（二）TWD97 [2010] 與 87 年公告的 TWD97 大地基
準的異同處。（三）臺灣於 103 年公告混合法大地起伏模型
（TWHYGEO 2014），其中，爲何稱爲混合法？（四）臺灣
高程系統 TWVD 2001 屬於哪種高程系統？其可用那個資訊與
GPS 測得的高程建立函數關係？

答：

(1) TWD97 [2010] 中的 2010 即表示內政部於「2010 年」3 月 30 日公告之
「大地基準及坐標系統 2010 年成果」之年份。另有一說是此新坐標
系統採用之 ITRF 參考框架是以 2010.0 時刻坐標值爲臺灣衛星大地控
制網的計算依據。其標示目的是要與 TWD97 區別，TWD97 爲 1998
年公告之基準，然而，臺灣位於板塊碰撞劇烈地帶，衛星追蹤站及各
級衛星控制點因地域不同而發生相對位置之改變，加上近年都市發展
迅速，道路等新闢工程全面開展，造成早期佈設之控制點及圖根點遺
失，是以，有必要對 TWD97 予以更新及維護，與現存的坐標成果比
對檢核，增進民眾對於測量品質的信任。

(2) TWD97 與 TWD97 [2010] 之異同處以下表說明：

項目	TWD97	TWD97 [2010]
參考橢球體	GRS80	
地圖投影方式	橫麥卡托投影經差 2 度分帶	
參考坐標框架	ITRF94	ITRF05
參考時間點	1997.0	2010.0
衛星追蹤站數量	8	18
一等衛星控制點數量	105	219
公告成果	105 個一等衛星控制點	一至三等的衛星控制點達 3,013 點

(3) 混合法大地起伏模型是以重力法大地起伏模型為基礎所建置而成的，設若重力法所得大地起伏值為 N_{gra}，GPS 測得之大地起伏值為 N_{gps}，此二者存有一偏移量，我們將 $N_{gps} - N_{gra}$ 組成一修正面並將其加入重力法大地起伏模型，此即所稱「混合法大地起伏模型」，作為幾何高和正高的轉換依據。故所稱「混合」意指此模型混合了物理和純幾何之意義，依此模型所得之「正高」亦非純粹意義的正高。

(4) TWVD2001 屬於正高系統（H），其值等於 GPS 測得幾何高（h）加上大地起伏值（N）。

問四十八：全球導航衛星系統為日漸普及之現代化三維定位技術，某大型土木工程規劃擬採用此技術來測定某場址內之各點 TWVD 水準高程，請說明其施作程序以及必要之相關資料。

答：

(1) TWVD2001 高程系統屬於正高系統，其值等於 GPS 測得之幾何高加上大地起伏值，理論上可直接引用內政部公告之混合法大地起伏模型以內插方式推得 GPS 測得之平面位置的起伏值再加上測得之幾何高求得正高，但臺灣屬於板塊劇烈活動地帶，其值時刻變動，且內插造成之精度損失、模型自身帶有誤差等因素，可能無法滿足大型工程需求。

(2) 是以，大型工程欲應用 GNSS 測得正高，可引用場址周圍之已知水準

點為場址自行產生局部的大地起伏模型，如以下步驟：

① 在場址內均勻佈設 6 個以上的待測水準點。

② 由已知水準點引測，施以直接水準測量得各待測水準點之正高。

③ 以 GPS 測得各待測水準點之平面位置與幾何高。

④ 採用多項式模型作為大地起伏模型之擬合面，該多項式為：

$N = a_0 + a_1x + a_2y + a_3x^2 + a_4y^2 + a_5xy$，此式有 6 個未知數，將 6 個待測水準點之 $N_1 \sim N_6$ 代入聯立即解得 $a_0 \sim a_5$。

(3) 模型取得後，此擬合面應涵蓋場址，視工程需要以 GPS 測得未知點之幾何高，再加上該點在模型上的 N 值即可得其正高，省去直接水準測量架站等工作，增進施工效率。

問四十九：針對衛星定位測量：（一）說明單點定位及相對定位之觀測量、未知數及解算方程式。（二）何謂精度因子？如何求解 DOP？

答：

(1) 單點定位以電碼測距為例，已知四顆衛星（編號 1、2、3 及 4）的三維坐標，今 A 接收儀收得與衛星的各觀測距離為 p_1、p_2、p_3 及 p_4，則由三維的二點距離公式有 $p^n = \sqrt{(x_n - x_A)^2 + (y_n - y_A)^2 + (z_n - z_A)^2} + c \cdot dt_A$，而 $c \cdot dt_A$ 為接收儀鐘差所生的距離誤差，故未知數有 x_A、y_A、z_A 及 $c \cdot dt_A$，聯立上開 4 條方程式即可得 A 點坐標值。

(2) 相對定位則以 DGPS 為例，此時應有移動站 A 和基站 B 兩部接收儀同步觀測四顆衛星，其中基站的觀測量和誤差分別整合為 PRC_B^n 和 dt_B，由三維的二點距離公式有 $p_A^n + PRC_B^n = \sqrt{(x_n - x_A)^2 + (y_n - y_A)^2 + (z_n - z_A)^2}$ $+ c \cdot (dt_A - dt_B)$，其中 $dt_A - dt_B$ 可視為 1 個未知數，所以仍可解出 A 點坐標值，若能觀測五顆衛星則有多餘觀測，可得誤差估計值。

(3) 精度因子又稱精度稀釋因子，DOP 為一統稱，其組成如下圖所示（此處之 x、y、z 是以測站為原點、東西向為 x 軸、南北向為 y 軸）。

$$\text{GDOP}\ (\text{幾何 DOP}) \begin{cases} \text{TDOP (時間 DOP)} \\ \text{PDOP (位置 DOP)} \begin{cases} \text{VDOP (垂直 DOP)} \\ \text{HDOP (平面 DOP)} \begin{cases} \text{XDOP (經度 DOP)} \\ \text{YDOP (緯度 DOP)} \end{cases} \end{cases} \end{cases}$$

其中 $XDOP = \sqrt{\sigma_x^2}$; $YDOP = \sqrt{\sigma_y^2}$; $HDOP = \sqrt{\sigma_x^2 + \sigma_y^2}$; $VDOP = \sqrt{\sigma_z^2}$;
$PDOP = \sqrt{\sigma_x^2 + \sigma_y^2 + \sigma_z^2}$; $TDOP = \sqrt{\sigma_t^2}$; $GDOP = \sqrt{PDOP^2 + TDOP^2}$

而 DOP 可寫成矩陣如下：$A = \begin{bmatrix} \sigma_x^2 & \sigma_{yx} & \sigma_{zx} & \sigma_{tx} \\ \sigma_{xy} & \sigma_y^2 & \sigma_{zy} & \sigma_{ty} \\ \sigma_{xz} & \sigma_{yz} & \sigma_z^2 & \sigma_{tx} \\ \sigma_{xt} & \sigma_{yt} & \sigma_{zt} & \sigma_t^2 \end{bmatrix}$

(4) 當觀測得測站近似坐標時，可依以下步驟求解 DOP：

① 列出導航單點定位聯立線性化方程式矩陣 A。

② $DOP = (A^T A)^{-1}$。

③ 利用 DOP 的元素解得 XDOP、YDOP 等。

問五十：何謂 VBS-RTK 虛擬基準站即時動態定位技術？其定位原理為
何？

答：

(1) VBS-RTK 即 Virtual Base Station Real Time Kinematic 之縮寫，是一種
使用載波相位之測距方法的快速測量方式，它能夠在野外以 5 秒鐘以
內獲得精度 10mm + 1ppm 的觀測距離。RTK 不僅能滿足傳統測量的
工作，亦能應用在工程放樣、地界線指定等多項用途。

(2) RTK 測量由坐標已知的基準站和坐標未知的移動站對衛星同步觀測，
由基準站通過無線電傳輸設備將即時相位改正值發送予移動站。移動
站收得改正值，可用之消除己站測得的測距值，並根據相位測距方程
式解算得未知點的坐標值。

問五十一：在測量技術中利用 GNSS 進行點位坐標量測已被廣泛使用，
以 GPS 系統進行點位測量為例，請說明「多路徑效應誤差」
及衛星幾何分佈如何影響定位精度？

答：

(1)「多路徑效應誤差」源於測站周圍存有大型平面反射物將衛星訊號反
射回向接收儀天線，干擾原本應接收的直接波訊號，從而使觀測值發
生誤差。此類誤差之生成以天線附近的金屬表面最鉅，且無法以差分
方式或修正模型改正，欲改善此項誤差可使用抗干擾功能的天線。另
外，高仰角的衛星訊號其反射路徑多朝向上空，故也可設定截止高度
角為 15°，意即仰角小於 15° 之衛星自動忽略訊號，不參與觀測。

(2) 衛星群與測站所圍之封閉立體空間之形狀亦會使上開誤差放大或縮
小，此與傳統三角測量以圖形強度因子來衡量網形優劣類似。為能量
化此種因素，可使用精度稀釋因子（DOP），而有以下關係式：

「位置測量的誤差 = DOP× 使用者相等的測距誤差（UERE）」，DOP 又可分成多種如 GDOP、PDOP…當值為 1 ～ 3 屬正常，此值隨時改變，觀測時應隨時注意。

問五十二：以衛量定位測量所測得之位置坐標，其高程精度皆比水平精度差，請探討其原因。

答：

可分作衛星幾何分佈情形及觀測過程誤差兩部分探討如下：

(1) 衛星幾何分佈之最佳配置及各精度稀釋因子如圖所示，可知即便在最完美之情形，高程之精度稀釋因子亦大於平面，至於其他配置亦是如此。當天頂有衛星時，VDOP 下降，高程精度提高，但此種情況終究屬於少見。衛星在觀測過程

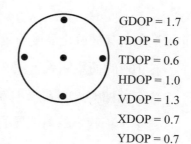

GDOP = 1.7
PDOP = 1.6
TDOP = 0.6
HDOP = 1.0
VDOP = 1.3
XDOP = 0.7
YDOP = 0.7

不斷改變位置，只要稍偏離天頂正中，精度便明顯下降，不若水平精度須追求四方分佈容易。

(2) 觀測過程誤差中的大氣層延遲誤差，電波訊號傳播路徑彎曲及傳播速率改變主要發生的誤差以高程分量最多，尤以短基線影響更大，此亦高程精度較水平精度差之原因之一。

(3) 另外，若需將衛星定位之幾何高轉換爲正高，則須透過「混合法大地起伏模型」轉換，而該模型亦存在些許誤差將傳播至正高值，此亦原因之一。

問五十三：請說明下列問題：（一）在全球定位系統之解算時，常會將遮蔽角設定大於 10 度，其原因爲何？（二）GPS 之動態定位法有兩種，通常後處理動態定位法之精度會優於即時動態定位法之精度，其原因爲何？

答：

(1) 遮蔽角又稱截止高度角，設定爲 10 度意指接收天線將自動忽略仰角低於 10° 的衛星訊號，使其不參與定位成果的解算。仰角低的衛星訊號含有兩種較大的誤差，分述如下：其一、對流層延遲誤差，衛星仰角愈小，訊號穿越對流層的長度愈長，誤差也愈大；其二、多路徑效應誤差，低仰角的衛星訊號經地表上反射物反射後無法返回太空，在地表面任意傳播干擾同衛星發送之直接波，進而使測距發生誤差。爲了減少上開誤差，爰有將遮蔽角設定大於 10 度的作法。

(2)「後處理」意指差分工作在觀測後於內業進行，此種方法是在一個已知點上設基準站並持續追蹤 5 顆以上衛星以防止週波脫落，而移動站亦需從已知點出發，然後至各未知點停留數分鐘觀測曆元資料，在搬站過程需持續與基準站保持連繫不能失鎖，且相距在 20 公里以內。

移動站之觀測資訊不須即時傳回基準站，而是攜回辦公室使用後處理軟體將所有觀測量一併解算成坐標值。此種方式之解算過程實屬「靜態」，可進行基線計算及平差，自可有較佳的精度。此外，因觀測時不考慮時效性，現場週波未定值等誤差改正公式使用的參數品質也較佳，也能採用精密星曆解算。

精密星曆透過人造衛星發送，可得到更準確的衛星訊號發送時間，但欲得到此資訊需兩週時間的等待，故不可能用於即時 RTK。

問五十四：在使用 GPS 衛星定位中：（一）何謂 GPS 之「絕對定位」與「相對定位」方法？（二）試比較差分式 GPS（DGPS）與即時動態 GPS（RTK GPS）定位方法、原理及定位精度之異同。

答：

(1) 絕對定位又稱單點定位，即根據一臺接收儀的觀測成果解算自身位置的方法，因其位置無其他點位可供比較或平差，故稱「絕對」位置；相對定位則是根據兩臺以上接收儀的觀測成果解算兩測站的位置向量，因其中一測站的位置坐標為已知，故可利用該向量推得未知點坐標。

(2) GNSS 定位法分類如下圖：

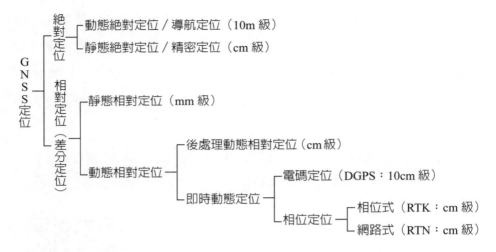

(3) DGPS 及 RTK 均為相對定位，此即方法之基本相同點，但仍存有以下異同點：

① 相同點：一個基準站和多個移動站，可即時解算移動站坐標，移動站須有接收設備取得基準站之改正值，基準站亦須有發訊設備。

② 相異點如下表：

項目	測距使用訊號	最佳精度	設備成本	改正方法
DGPS	電碼	0.3m	低廉	只有差分改正
RTK	載波（相位式）	3mm	較高（基站多為永久固定站）	可用雙頻接收儀，消除訊號傳播過程的誤差

問五十五：在全球定位系統觀測作業中：（一）造成大氣層折射延遲誤差的主要因素是什麼？如何改善？（二）造成虛擬距離誤差的主要因素是什麼？如何改善？

答：

(1) GPS 誤差有三大來源：衛星、測站及傳播過程，其中傳播過程經過電離層和對流層均會產生延遲誤差，此即二種主要因素分述如下：

　① 電離層延遲誤差：電離層位於地球上空距地面 50～500km 之間，此層內氣體分子受太陽光等能量產生電離，含有大量自由電子。GPS 訊號在此層內之行進路徑和傳播速度均改變，從而使觀測距離發生誤差。要改善此誤差，可選在太陽輻射量較少的時間進行觀測，例如：黑夜、冬季及太陽黑子和耀斑不活潑的時段，另外高緯度的太陽輻射亦較少。除以上基本環境因素外，尚可利用雙頻接收儀的二種頻率加以組合消除。

　② 對流層延遲誤差：對流層位於地球上空距地面 0～10km 之間，此層大氣密度高，含有物質種類繁多，影響訊號傳播的因素也不一而足，但主要是空氣密度的改變使訊號傳播速度變慢並發生彎曲，從而使測距發生誤差。衛星仰角愈小，訊號穿越對流層的長度愈長，誤差也愈大，另外高山之大氣環境穩定且訊號穿越對流層長度短，誤差較小。綜上，欲改善此種誤差，應注意衛星仰角不宜過小，尤其是在平地地區更須加以注意。此種誤差亦可由改正公式部分消除。

(2) GPS 主要測距方法有載波相位及虛擬距離二種，後者以幾何距離為真值，可文字表示如右：虛擬距離＝幾何距離＋衛星時鐘誤差＋接收鐘時鐘誤差＋衛星軌道誤差＋對流層延遲誤差＋電離層延遲誤差。上述誤差可利用差分技術改善。

問五十六：衛星定位測量中，從衛星軌道資訊到待測地面點位置皆需參考
到不同的坐標系統。請列舉並說明各坐標系統的定義，以及坐
標系統之間的相互關係。

答：

(1) 依題意測量中需由衛星軌道直角坐標系計算衛星在軌道上的瞬時位
置，然後將該位置用天球坐標系表示，最後將其轉換為地心坐標系顯
示於接收儀中，故各坐標系統分別定義如下（三者之原點均為地球質
心）

① 衛星軌道直角坐標系

X軸：指向近地點

Y軸：與X、Z軸成右旋直角坐標系

Z軸：垂直於軌道面

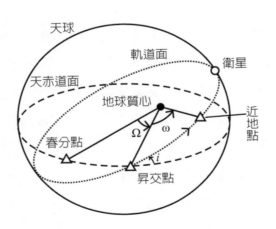

近地點：衛星與地球最近時的位置點，此時衛星的角速度最快

② 天球坐標系：

X軸：指向春分點

Y 軸：與 X、Z 軸成右旋直角坐標系

Z 軸：指向北天極

春分點即太陽沿黃道逆時針向北通過天赤道的點，日光直射赤道，此時南北半球晝夜平分，不同地區均在正東方觀日出、正西方觀日落。

③ 地心坐標系

X 軸：指向零度經線與赤道面的交點

Y 軸：與 X、Z 軸成右旋直角坐標系

Z 軸：指向地球北極

北天極為地球的自轉軸向天球延伸後在無窮遠處與天球交會的假想點，觀測者望向星空，所有星星均由東向西移動，但天極之點永恆不動。北天極和地球北極不同點位，但所定義之 Z 軸相同。

(2) 設若某衛星位置為 (x, y, z)，則可透過以下關係式轉換：

$$\begin{bmatrix} x \\ y \\ z \end{bmatrix}_{天球} = \begin{bmatrix} \cos\Omega & -\sin\Omega & 0 \\ \sin\Omega & \cos\Omega & 0 \\ 0 & 0 & 1 \end{bmatrix} \begin{bmatrix} 1 & 0 & 0 \\ 0 & \cos i & -\sin i \\ 0 & \sin i & \cos i \end{bmatrix} \begin{bmatrix} \cos\omega & -\sin\omega & 0 \\ \sin\omega & \cos\omega & 0 \\ 0 & 0 & 1 \end{bmatrix} \begin{bmatrix} x \\ y \\ z \end{bmatrix}_{衛星}$$

$$\begin{bmatrix} x \\ y \\ z \end{bmatrix}_{地心} = \begin{bmatrix} \cos(GAST) & \sin(GAST) & 0 \\ -\sin(GAST) & \cos(GAST) & 0 \\ 0 & 0 & 1 \end{bmatrix}_{天球}$$

GAST 稱恆星時，定義為某地點的子午圈與天球春分點之間的時角，該值由衛星的廣播星曆提供。

Note

Note

Note

Note

Note

國家圖書館出版品預行編目資料

土木高考一本通／黃偉恩著. ——初版.——
　臺北市：五南圖書出版股份有限公司，
　2022.12
　面；　公分
　ISBN 978-626-343-484-4（平裝）

1.CST: 土木工程

441　　　　　　　　　111017129

5G52

土木高考一本通

作　　者 ― 黃偉恩（304.6）

發 行 人 ― 楊榮川

總 經 理 ― 楊士清

總 編 輯 ― 楊秀麗

副總編輯 ― 王正華

責任編輯 ― 金明芬

封面設計 ― 姚孝慈

出 版 者 ― 五南圖書出版股份有限公司

地　　址：106台北市大安區和平東路二段339號4樓

電　　話：(02)2705-5066　　傳　真：(02)2706-6100

網　　址：https://www.wunan.com.tw

電子郵件：wunan@wunan.com.tw

劃撥帳號：01068953

戶　　名：五南圖書出版股份有限公司

法律顧問　林勝安律師事務所　林勝安律師

出版日期　2022年12月初版一刷

定　　價　新臺幣350元

經典永恆・名著常在

五十週年的獻禮 —— 經典名著文庫

五南，五十年了，半個世紀，人生旅程的一大半，走過來了。
思索著，邁向百年的未來歷程，能為知識界、文化學術界作些什麼？
在速食文化的生態下，有什麼值得讓人雋永品味的？

歷代經典・當今名著，經過時間的洗禮，千錘百鍊，流傳至今，光芒耀人；
不僅使我們能領悟前人的智慧，同時也增深加廣我們思考的深度與視野。
我們決心投入巨資，有計畫的系統梳選，成立「經典名著文庫」，
希望收入古今中外思想性的、充滿睿智與獨見的經典、名著。
這是一項理想性的、永續性的巨大出版工程。
不在意讀者的眾寡，只考慮它的學術價值，力求完整展現先哲思想的軌跡；
為知識界開啟一片智慧之窗，營造一座百花綻放的世界文明公園，
任君遨遊、取菁吸蜜、嘉惠學子！